한날 글·그림 / 이젠수학연구소 지음

2학년에게 꼭 필요한

도형과 측정

만화 교과서

이젠교육
EZEN EDUCATION

한날 글·그림
웹툰·이모티콘 캐릭터 작가로 활동하며 캐릭터 그리는 것을 평생의 즐거움으로 살아가고 있습니다. 웹툰 '동물농장'과 '인생다반사'를 연재했으며, 카카오톡 이모티콘 '인생다반사'와 '짤모티콘' 등을 출시하였습니다. 쓰고 그린 책으로는 《읽으면서 바로 써먹는 어린이 영단어》, 《읽으면서 바로 써먹는 어린이 맞춤법》, 《읽으면서 바로 써먹는 어린이 관용구》, 《읽으면서 바로 써먹는 어린이 속담》, 《읽으면서 바로 써먹는 어린이 퀴즈》, 《읽으면서 바로 해보는 어린이 게임》 등이 있습니다.

blog http://blog.naver.com/ngmspg   http://www.instagram.com/hannal_01

이젠수학연구소 지음
이젠수학연구소는 유아에서 초중고까지 학생들이 수학의 바른길을 찾아낼 수 있도록 수학 학습법을 연구하는 이젠교육의 수학 연구소입니다. 수학 실력은 하루아침에 완성되지 않으며, 다양한 경험을 통해 발달합니다. 그길에 친구가 되고자 노력합니다.

2학년에게 꼭 필요한 도형과 측정 (만화 교과서)

초판 1쇄 발행 | 2022년 1월 10일

지 은 이 이젠수학연구소
펴 낸 이 임요병
펴 낸 곳 ㈜이젠교육
출판등록 제 2020-000073호
주 소 서울시 영등포구 양평로 22길 21
코오롱디지털타워 404호
전 화 (02)324-1600
팩 스 (031)941-9611
인스타그램 @ezeneducation
블 로 그 http://blog.naver.com/ezeneducation

@이젠교육
ISBN 979-11-90880-67-1

2학년에게 꼭 필요한

도형과 측정

만화 교과서

구성과 특징

2학년에게 꼭 필요한
도형과 측정

수학 웹툰 전문 작가의 캐릭터를 활용한 실생활 이야기로

수학에 대한
호기심과 자신감을 키워요.

1 여러 가지 도형
04 칠교판으로 모양만들기
짜잔~
오잉?
척
체롯야.
이게 뭐야?
자~
이게 바로
칠교판이라는 거야!
짜잔~
아하! 이게
칠교판이라는 거구나!
짝
28
● 무엇을 배울까요? 칠교판
칠교판
● 언제 배울까요? 초등학
여러 가지 모양의
조각들이 들어 있어.
척
또 이 조각들을 합치면
다른 모양도 만들 수 있어.
정말?
활짝
깜짝
잘 봐~
까딱
까딱
29

학습 포인트 1

수학 교과서 단원의 내용을 실생활 소재를 활용한 만화로 재미있게 읽으면서 수학에 대한 호기심을 가질 수 있습니다.

학습 포인트 2

만화 속 내용과 연결된 수학 교과서 학년과 학기의 단원을 소개하고, 무엇을 배우는지 알 수 있습니다.

캐릭터와 함께하는 주제별 질문식 수학 개념을

쉽고 재미있게 읽으면서 원리를 이해해요!

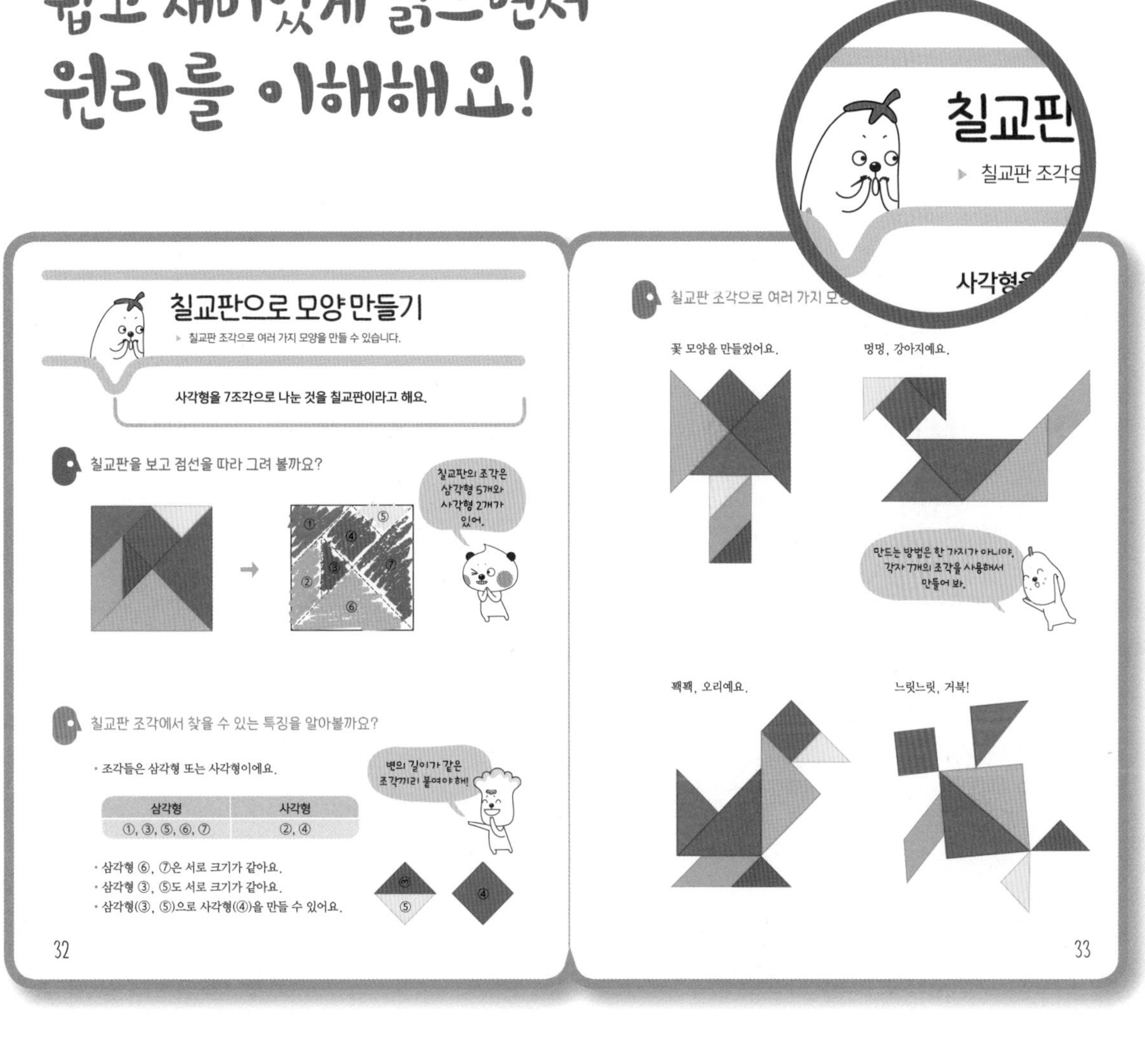
칠교판
칠교판 조각으
사각형을
칠교판으로 모양 만들기
칠교판 조각으로 여러 가지 모양을 만들 수 있습니다.
사각형을 7조각으로 나눈 것을 칠교판이라고 해요.
칠교판을 보고 점선을 따라 그려 볼까요?
칠교판의 조각은 삼각형 5개와 사각형 2개가 있어.
칠교판 조각에서 찾을 수 있는 특징을 알아볼까요?
• 조각들은 삼각형 또는 사각형이에요.
변의 길이가 같은 조각끼리 붙여야 해!
삼각형
사각형
①, ③, ⑤, ⑥, ⑦
②, ④
• 삼각형 ⑥, ⑦은 서로 크기가 같아요.
• 삼각형 ③, ⑤도 서로 크기가 같아요.
• 삼각형(③, ⑤)으로 사각형(④)을 만들 수 있어요.
32
칠교판 조각으로 여러 가지 모양
꽃 모양을 만들었어요.
멍멍, 강아지예요.
만드는 방법은 한 가지가 아니야. 각자 7개의 조각을 사용해서 만들어 봐.
꽥꽥, 오리예요.
느릿느릿, 거북!
33

학습 포인트 3

수학 교과서의 개념을 수학 만화와 연결하여 원리를 정확히 이해할 수 있습니다.

학습 포인트 4

주제별 원리에 대한 질문에 대해 생활에서 볼 수 있는 내용을 그림으로 재미있게 구현하여 쉽게 이해할 수 있습니다.

차례

2학년에게 꼭 필요한
도형과 측정

1. 여러 가지 도형

2. 길이 재기

작가의 말

여러분에게 수학이란 어떤 의미인가요? 친해지고 싶은 친구인가요? 아니면 정복하고 싶은 대상이나 넘을 수 없는 장애물인가요? 각자마다 느끼는 수학의 의미는 다르겠지만 아마도 확실한 것은 우리 삶에 있어서 꼭 필요한 존재라는 사실이에요. 하지만 꼭 필요하지만 가까이 다가가기 어려울 때가 있죠. 과일채소 친구인 (쵸배, 배찌, 체로, 가징, 토리)도 마찬가지거든요. 그럴때마다 쵸배, 배찌, 체로, 가징, 토리는 일상생활에서 재미있게 수학을 접하며 즐긴답니다. 어린이 여러분도 이젠 이 책 속으로 들어가 과일채소 친구들과 함께 수학의 재미에 풍덩 빠져들 수 있었으면 하는 바람입니다.

01 원 알기

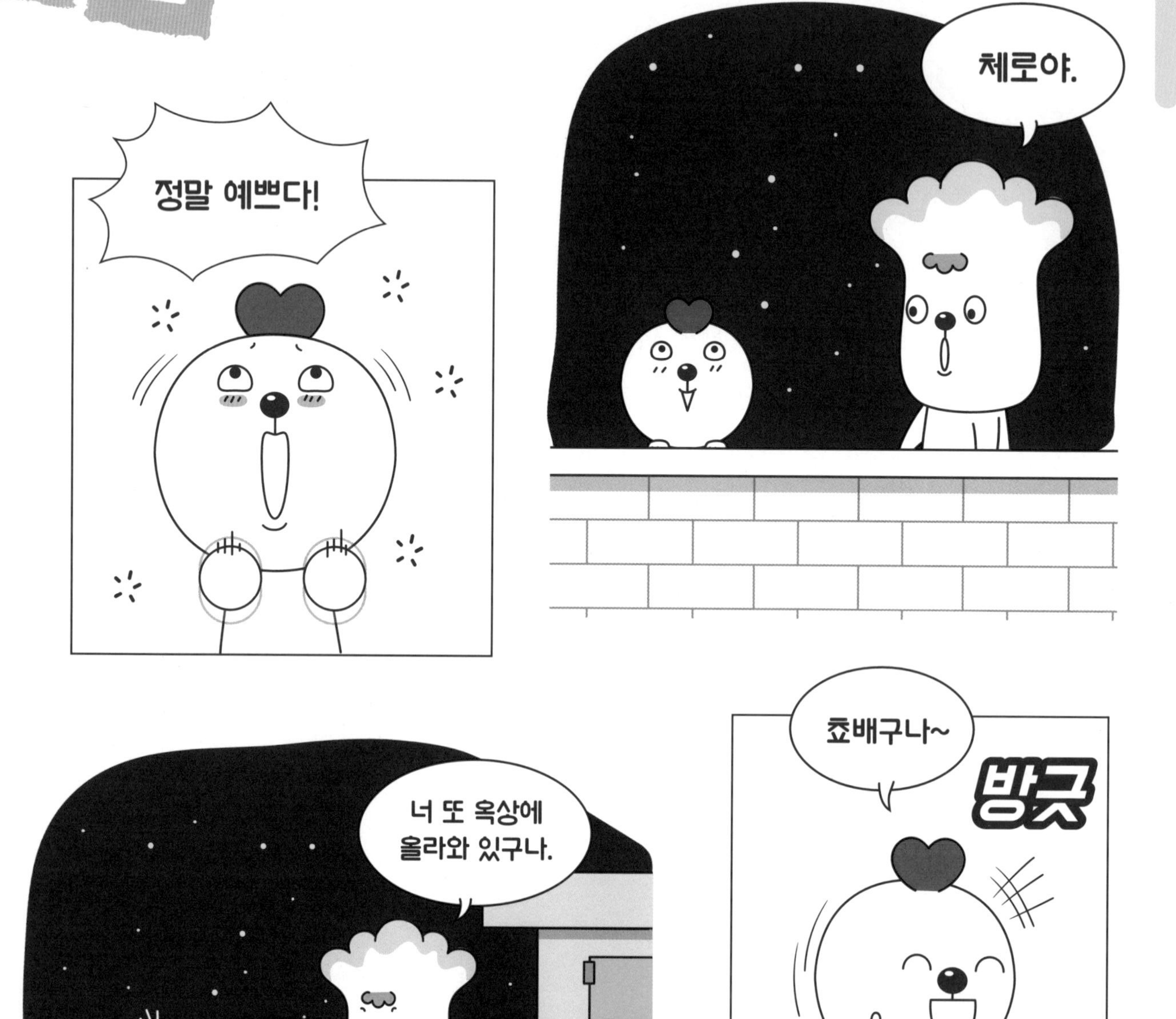
정말 예쁘다!
체로야.
너 또 옥상에
올라와 있구나.
쵸배구나~
방긋

● 무엇을 배울까요? 생활 속에서 원을 찾고, 원의 개념을 알게 합니다. 원을 본떠 그려 보고 특징을 이해하게 합니다. 원인 것과 아닌 것을 인식하고 분류하게 합니다.

● 언제 배울까요? 초등학교 2학년 1학기 여러 가지 도형 단원에서 배워요.

히히~ 너도 빨리 와서 밤하늘을 봐.
척
밤하늘?
깜짝 놀랄걸?
휙
오잉?
빤히
우아! 저건 보름달이잖아.
깜짝

엄청 크구나!
맞아. 히히~
내가 달을 구경하는 걸 좋아하잖아.
정말? 이유가 뭐야?
달은 매일매일 모양이 바뀌거든.
그게 매우 신기해.
초승달
그믐달
어떤 날은 초승달 모양이고 또 어떤 날은 그믐달 모양이잖아.
휙
그렇지. 참!

그중에서
내가 제일 좋아하는 달은
말이야~
원 모양인 보름달을
제일 좋아해.
짜잔~
보름달은
1년에 12번밖에 안 뜨거든.
그래서 특히
둥근 보름달이 뜨면
항상 옥상에 올라와서
구경해.
그렇구나~
활짝
오늘은 그중에서도
가장 큰 정월 대보름의
보름달이야.
활짝
휙
정월 대보름?

우아! 어쩐지
정말 동그랗고 커!
히히~
우리 집 접시처럼
정말 동그래.
어제 우리가 가지고
놀았던 둥근 축구공도
닮았어.
맞아.
자~
이제 소원을 빌자.
소원?
응!
보름달이 뜨면 난
항상 소원을 빌어.
척

그럼 달님이 소원을 이루어 주거든.
정말?
나도 빌래.
휙
소곤
소곤
소곤
소곤
소곤
소곤
소곤
소곤
너, 무슨 소원 빌었어?
히히~ 다 빌었어.
히히~ 비밀이야.
긁적
긁적
뭔가 수상해.
'이번 시험 꼴찌는 나 대신 쵸배가 하게 해 주세요.' 하고 빌었지롱~
씨익

원 알기

▶ 주변에서 동그라미 모양을 찾을 수 있습니다.

동그란 모양 중에서 찌그러지지 않은 동그란 모양을 원이라고 해요.

동그란 모양을 찾아볼까요?

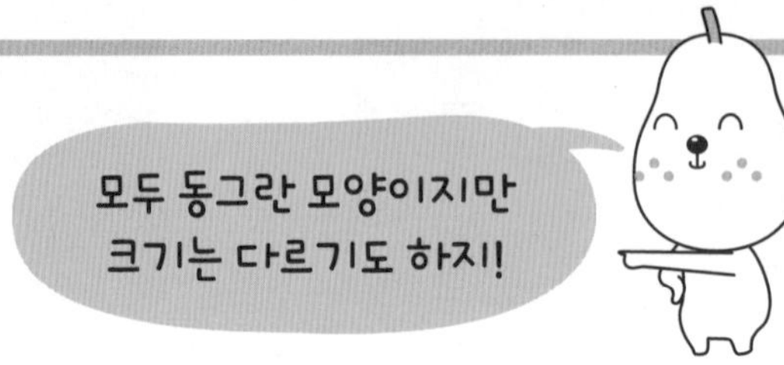
모두 동그란 모양이지만
크기는 다르기도 하지!

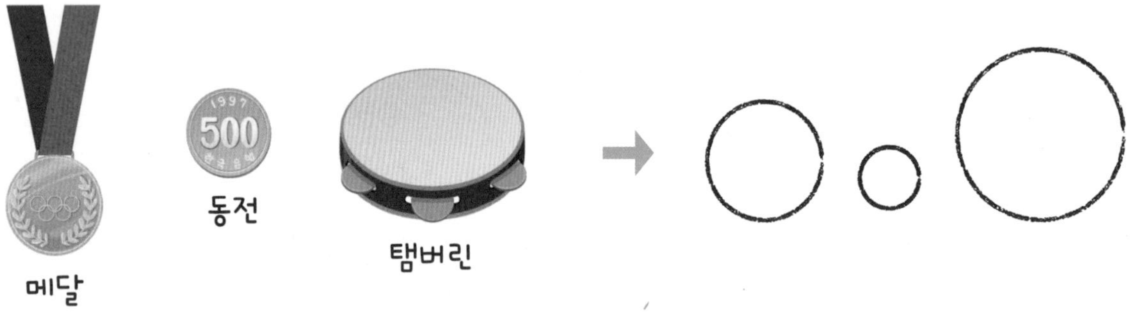
500
동전
탬버린
메달

물건을 본떠 원을 그려 볼까요?

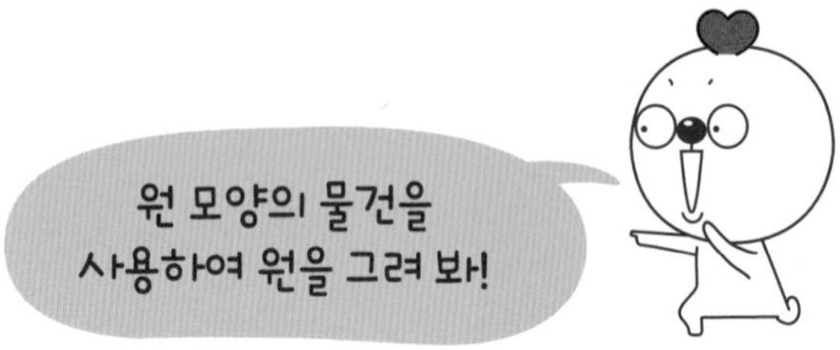
원 모양의 물건을
사용하여 원을 그려 봐!

뾰족한 부분과 곧은 선이 없어요.
굽은 선으로 이어져 있어요.
길쭉하거나 찌그러진 곳 없이 어느 쪽에서 보아도 똑같이 동그란 모양이에요.
크기는 다르지만 생긴 모양이 서로 같아요.

원과 원이 아닌 것을 나눠 볼까요?

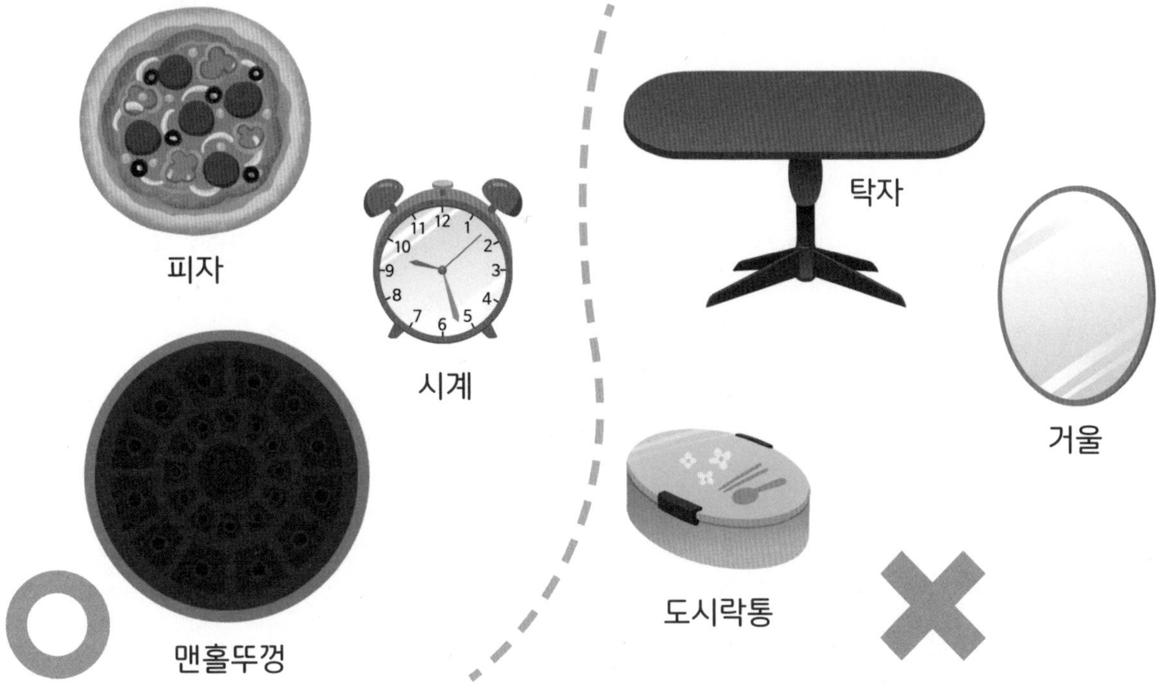
피자
시계
맨홀뚜껑
탁자
거울
도시락통

바로 위에서 똑바로 바라 보았을 때
모양이 모두 똑같이 동그랄 때, 원이라고 할 수 있어요.
굽은 선으로 둘러싸여 있어도 길쭉한 모양이면 원이 아니에요.

길쭉한 부분이 있어서
원이 아니야.

원으로 그림을 그려 볼까요?

어느 쪽에서 보아도 둥근 모양인 원을 이용해서 얼굴을 나타냈어요.

크기가 다른 원을
이용해 그려 봐!

02 삼각형 알기

배찌야,
집에 있었구나.
쵸배구나~
우리 집에는
어쩐 일이야?
방긋
배찌야,
부탁이 있어.
간절
간절
부탁이
있다고?
뭔가
불안한데…

● 무엇을 배울까요? 생활 속에서 삼각형을 찾고, 삼각형의 개념과 변, 꼭짓점을 알게 합니다.
삼각형을 본떠 그려 보고 특징을 이해하게 합니다.
삼각형인 것과 아닌 것을 인식하고 분류하게 합니다.

● 언제 배울까요? 초등학교 1학년 1학기 여러 가지 모양 단원에서 배워요.

너 또 수학 숙제를 미뤘니?
의심
의심
흐이익! 어떻게 알았지?
깜짝
어떻게 알긴~ 수학 수업 전날에는 매번 숙제를 안 해서 혼나잖아.
시무룩
이번에는 같이 해 줄 수 없어!
긁적
긁적

히히~
이번에는 혼자 할 거야.
씨익
부탁하려는 건
숙제를 도와 달라는 게
아니야.
그럼?
휙
지금
혼자서 수학 숙제 중인데
자가 필요하거든.
자?
그런데
집에 아무리 찾아봐도
자가 없지 뭐야.
아~ 그런 거였니?
괜히 오해했구나.
긁적
긁적
당연히
빌려줘야지!
방긋

앗!
정말 고마워.
활짝
어떤 자가 필요해?
서랍에서 꺼내 줄게.
끄응…
그 자 이름이
뭐더라?
자 이름이
갑자기 생각이 안 나네.
잠깐만~
뒤적
뒤적
자!
이거 말하는 거야?
척

아니.
일자 모양 자 말고
다른 자야.
아!
그럼 이거겠군.
오옷!
기대
이거!
늘였다가 줄였다가 할 수 있는
줄자 말하는 거지?
척
아니.
줄자도 아니야.
시무룩
흠.
그럼 어떤 자를
말하는 거지?
곰곰
곰곰
쵸배야,
그 자가 어떤 모양인지
설명해 줄 수 있어?
방긋

그 자는 삼각형으로 생겨서 세모를 그릴 수 있는 자거든.
척
아하! 삼각자를 말하는 거구나!
맞아! 삼각자야.
역시 배찌는 알고 있을 거라 생각했지.
짝
근데 말이야.
우리 집엔 삼각자가 없어.
끄응… 시간 낭비했네.

삼각형 알기

▶ 주변에서 세모 모양을 찾을 수 있습니다.

곧은 선 3개로 둘러싸인 모양을 삼각형이라고 해요.

세모 모양을 찾아볼까요?

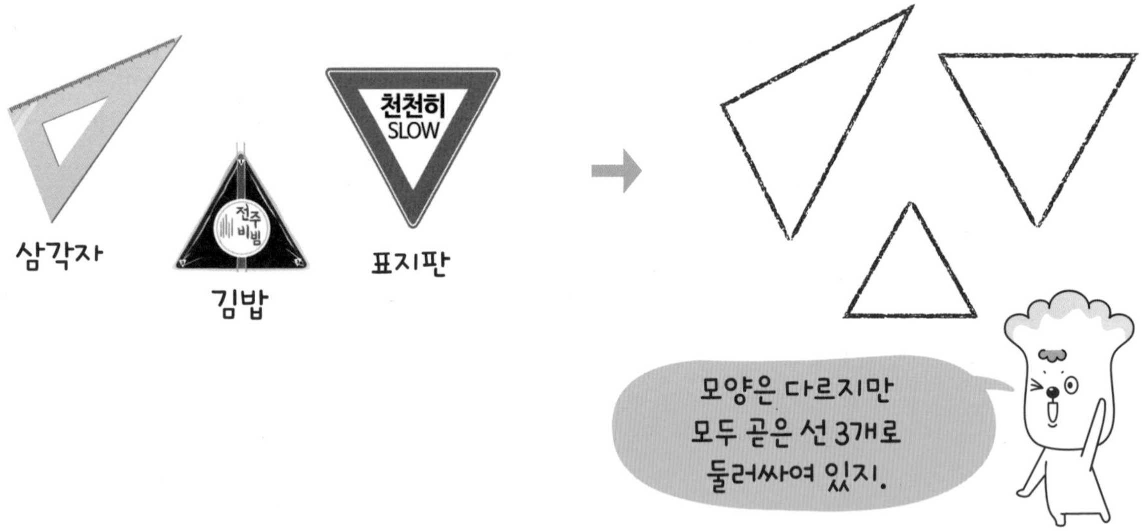

물건을 본떠 삼각형을 그려 볼까요?

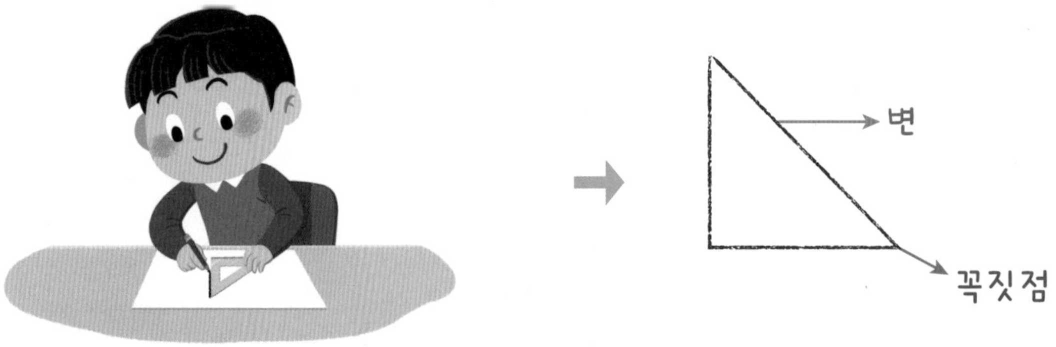

삼각형에서 곧은 선을 변이라 하고,
두 곧은 선이 만나는 점을 꼭짓점이라고 해요.
삼각형은 변이 3개, 꼭짓점이 3개예요.

변 → 3개
꼭짓점 → 3개

삼각형과 삼각형이 아닌 것을 나눠 볼까요?

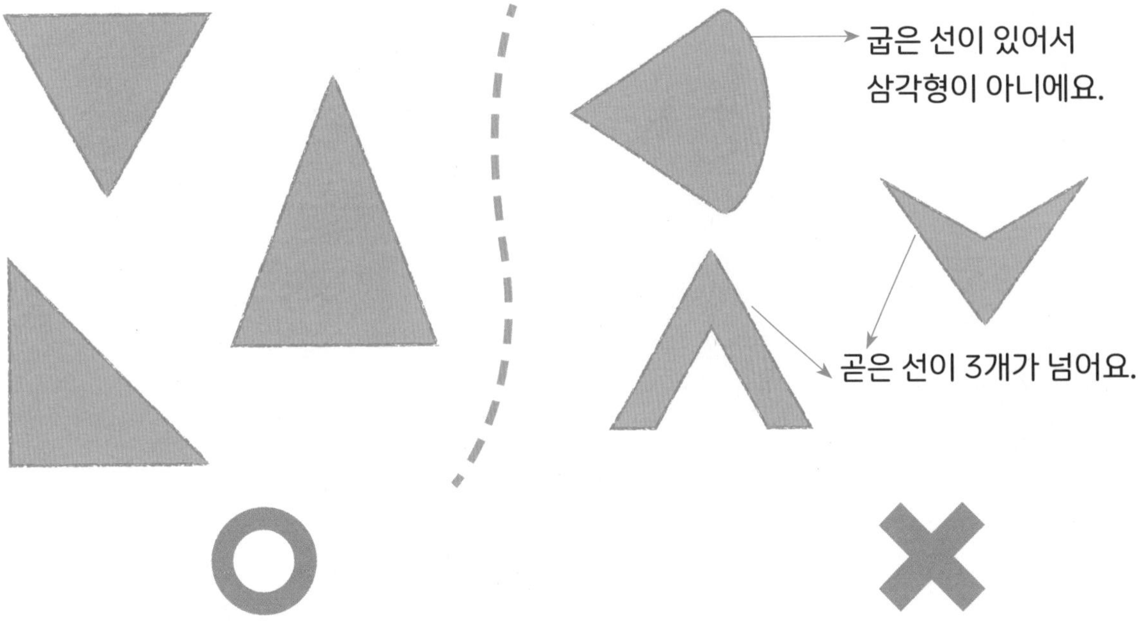

굽은 선이 있어서
삼각형이 아니에요.
곧은 선이 3개가 넘어요.

곧은 선 3개가 있고, 이 3개의 곧은 선이 만나는 점이 3개가 있으면 삼각형이에요.
굽은 선이 있거나 세모 모양이 보여도 변과 꼭짓점이 각각 3개씩이 아니면 삼각형이 아니에요.

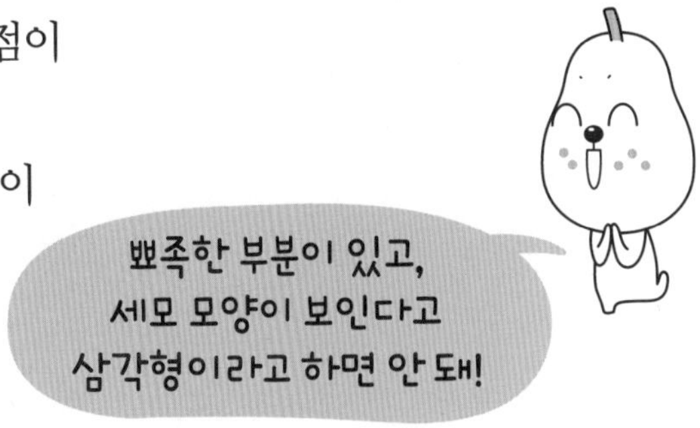

뾰족한 부분이 있고,
세모 모양이 보인다고
삼각형이라고 하면 안 돼!

삼각형으로 그림을 그려 볼까요?

삼각형을 이용해서 나비를 나타냈어요.

03 사각형 알기

토리야,
정말 신기하지 않아?
뭐가?
교실에는
온통 네모난 것들
밖에 없어!
척
엥? 갑자기
저게 무슨 소리지?
궁금
지금 내가 도형을
공부 중이거든.
도형 공부?

● 무엇을 배울까요? 생활 속에서 원을 찾고, 사각형의 개념과 변, 꼭짓점을 알게 합니다.
사각형을 본떠 그려 보고 특징을 이해하게 합니다.
사각형인 것과 아닌 것을 인식하고 분류하게 합니다.

● 언제 배울까요? 초등학교 2학년 1학기 여러 가지 도형 단원에서 배워요.

응. 그래서 교실에는 어떤 도형이 있나 관찰 중이었는데 글쎄!
휙
온통 네모난 것들 밖에 없어.
활짝
정말?
휙
응! 잘 봐~
씨익
저기 칠판도 네모 모양이고~

게시판도 네모 모양!
게시판
여기 책상도 네모 모양이잖아.
우아! 정말이네.
깜짝
그리고 책도 네모 모양이야.
여기 지우개까지 네모 모양이야.
짜잔~
헉헉~ 네모가 정말 많아.

그런 노래 가사도 있잖아.
지구는 둥근데 세상에 이렇게 네모가 많은 건~
척
그건 아마 네모의 꿈일지도 모른다고 말이야.
방긋
방긋
우아~ 정말 그럴지도 몰라. 네모가 세상에 자신을 많이 보여 주고 싶나 봐.
히히~ 네모의 꿈을 응원해 줄 거야!
나도~

사각형 알기

▶ 주변에서 네모 모양을 찾을 수 있습니다.

곧은 선 4개로 둘러싸인 모양을 사각형이라고 해요.

네모 모양을 찾아볼까요?

일방통행
표지판
수첩
액자

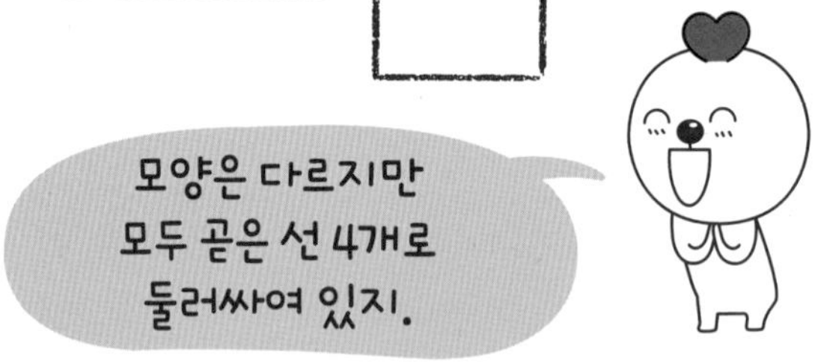

모양은 다르지만
모두 곧은 선 4개로
둘러싸여 있지.

고무줄을 이용해서 사각형을 만들어 볼까요?

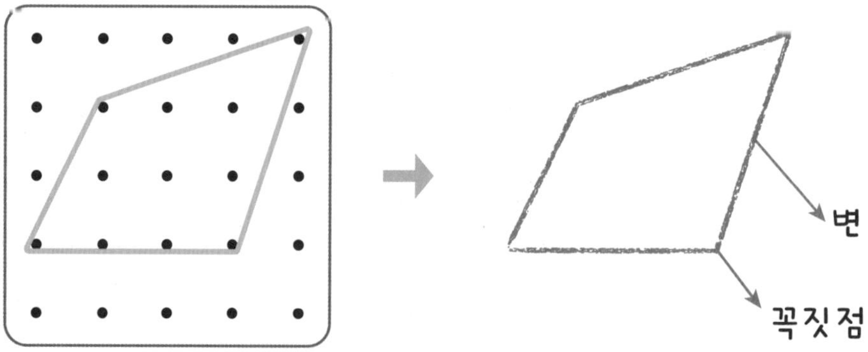

변
꼭짓점

사각형에서 곧은 선을 변이라 하고,
두 곧은 선이 만나는 점을 꼭짓점이라고 해요.
사각형은 변이 4개, 꼭짓점이 4개예요.

변 → 4개
꼭짓점 → 4개

사각형과 사각형이 아닌 것을 나눠 볼까요?

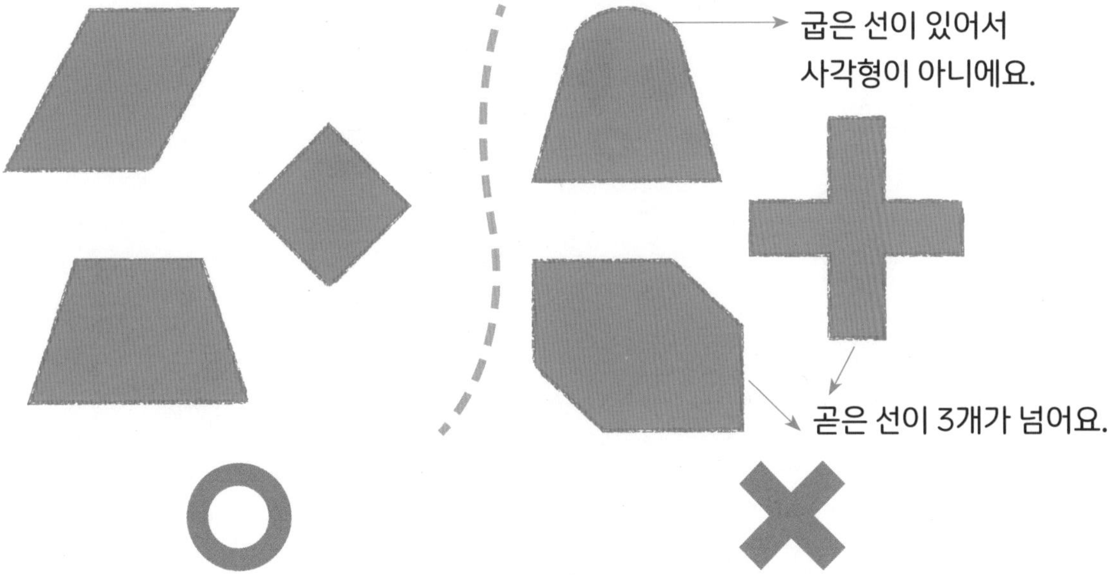
굽은 선이 있어서
사각형이 아니에요.
곧은 선이 3개가 넘어요.

곧은 선 4개가 있고, 이 4개의 곧은 선이 만나는 점이 4개가 있으면 사각형이에요.
굽은 선이 있거나 네모 모양이 보여도 변과 꼭짓점이 각각 4개씩이 아니면 사각형이 아니에요.

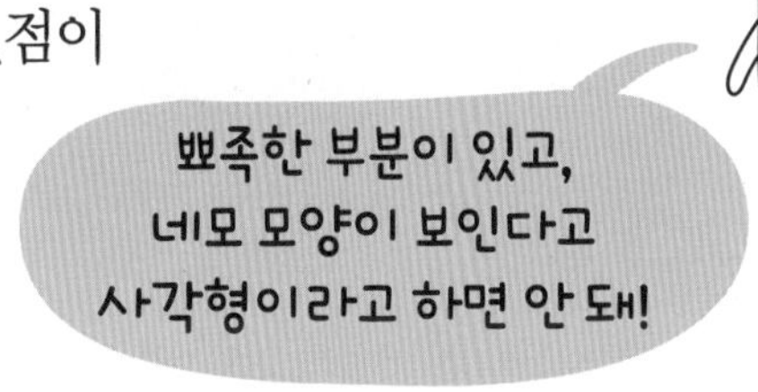
뾰족한 부분이 있고,
네모 모양이 보인다고
사각형이라고 하면 안 돼!

사각형으로 그림을 그려 볼까요?

사각형을 이용해서 사람을 나타냈어요.

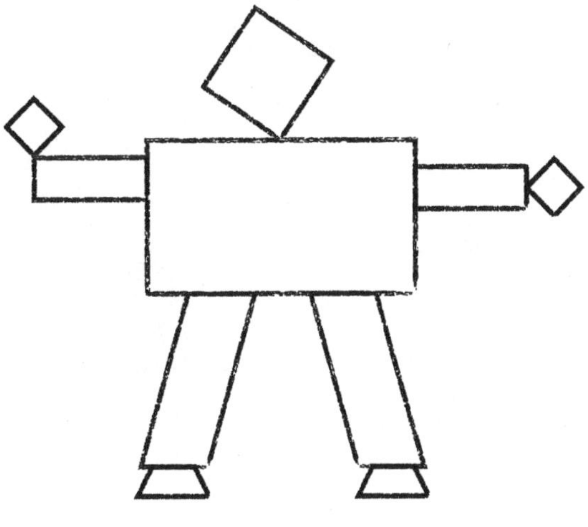

04 칠교판으로 모양 만들기

짜잔~
오잉?
척
체로야.
이게 뭐야?
자~
이게 바로
칠교판이라는 거야!
짜잔~
아하! 이게
칠교판이라는 거구나!
짝

● 무엇을 배울까요? 칠교판 조각을 삼각형과 사각형으로 분류할 수 있게 합니다.
칠교판을 이용하여 여러 가지 모양을 만들어 보게 합니다.

● 언제 배울까요? 초등학교 2학년 1학기 여러 가지 도형 단원에서 배워요.

여러 가지 모양의 조각들이 들어 있어.
맞아. 여기에는 삼각형도 있고 사각형도 있어.
척
또 이 조각들을 합치면 다른 모양도 만들 수 있어.
활짝
정말?
깜짝
잘 봐~
까딱
까딱

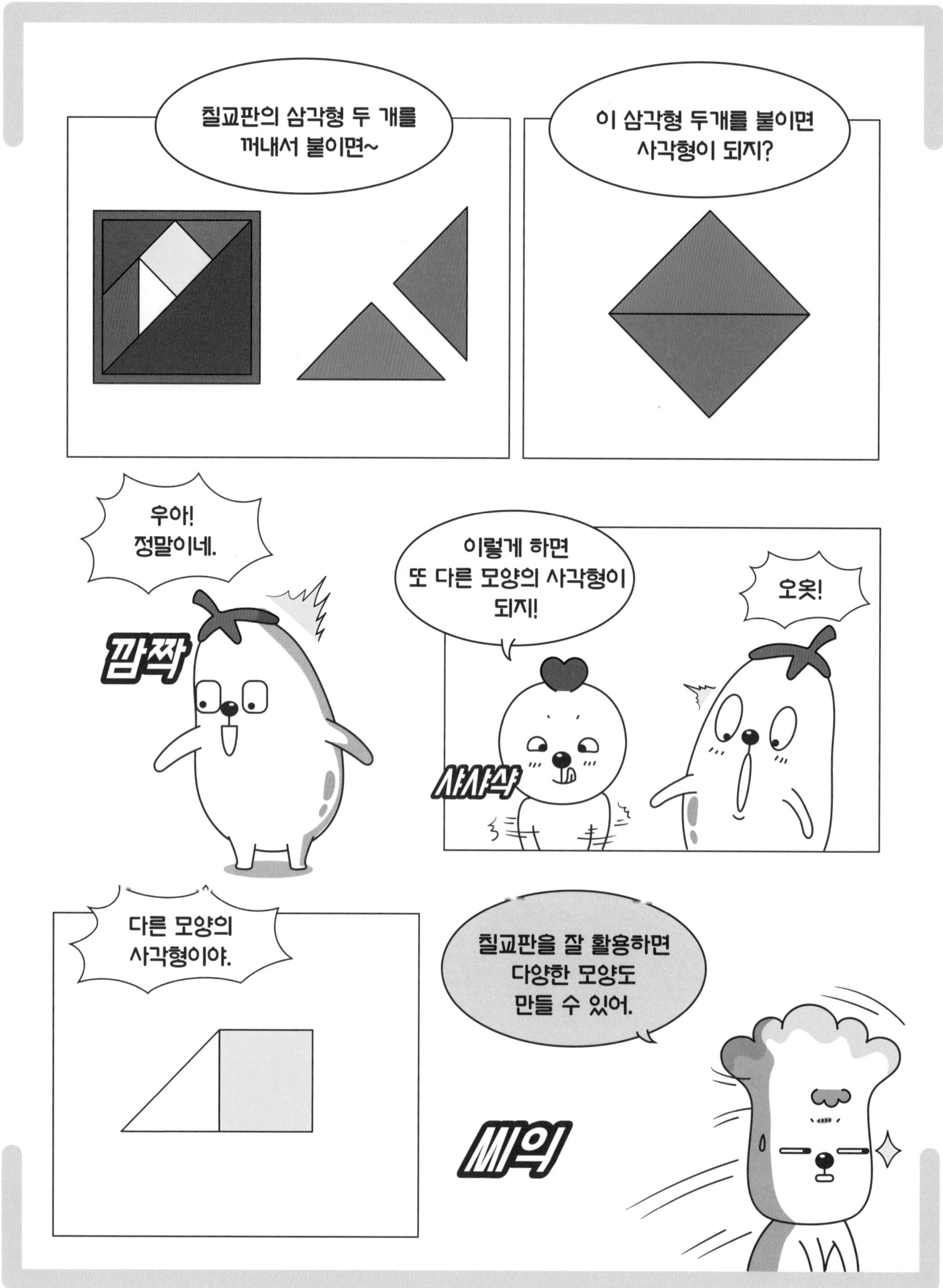

칠교판의 삼각형 두 개를 꺼내서 붙이면~
이 삼각형 두개를 붙이면 사각형이 되지?
우아! 정말이네.
깜짝
이렇게 하면 또 다른 모양의 사각형이 되지!
오옷!
샤샤샥
다른 모양의 사각형이야.
칠교판을 잘 활용하면 다양한 모양도 만들 수 있어.
씨익

짠~
이것 봐!
우아~
물고기가 되었네.
나도
한번 만들어 볼래!
번쩍
그래. 대충
간단하게 만들어 봐.
샤샤샥
연습 없이
처음 만들면 어렵거든.
후훗~
오잉?
휙
짜잔~
강아지를 만들어 봤어.
컥! 훨씬
어려운 강아지를!
뜨헉
끄응…
연습은 내가 더
해야겠구나.

칠교판으로 모양 만들기

▶ 칠교판 조각으로 여러 가지 모양을 만들 수 있습니다.

사각형을 7조각으로 나눈 것을 칠교판이라고 해요.

칠교판을 보고 점선을 따라 그려 볼까요?

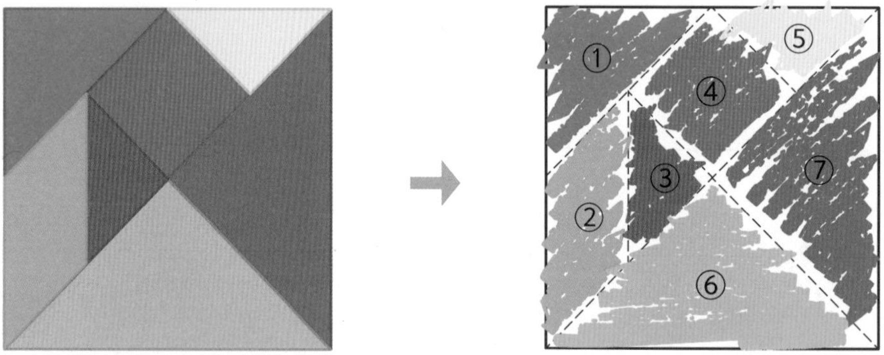

①
②
③
④
⑤
⑥
⑦

칠교판의 조각은 삼각형 5개와 사각형 2개가 있어.

칠교판 조각에서 찾을 수 있는 특징을 알아볼까요?

변의 길이가 같은 조각끼리 붙여야 해!

- 조각들은 삼각형 또는 사각형이에요.

삼각형	사각형
①, ③, ⑤, ⑥, ⑦	②, ④

- 삼각형 ⑥, ⑦은 서로 크기가 같아요.
- 삼각형 ③, ⑤도 서로 크기가 같아요.
- 삼각형(③, ⑤)으로 사각형(④)을 만들 수 있어요.

③
⑤
④

칠교판 조각으로 여러 가지 모양을 만들어 볼까요?

꽃 모양을 만들었어요.

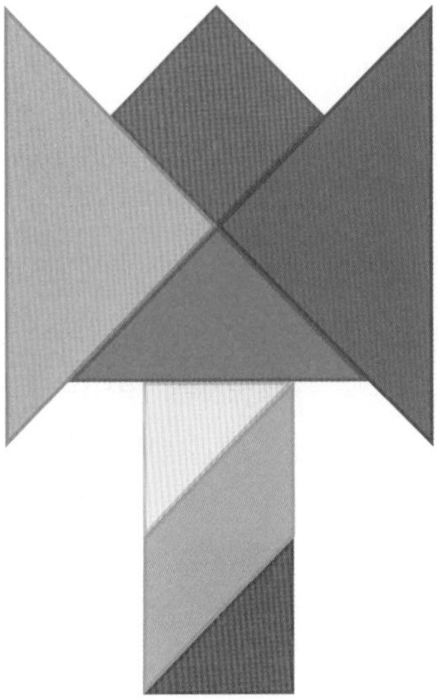

멍멍, 강아지예요.

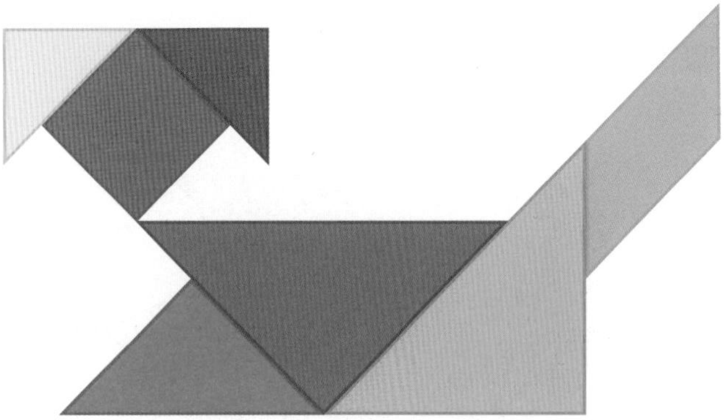

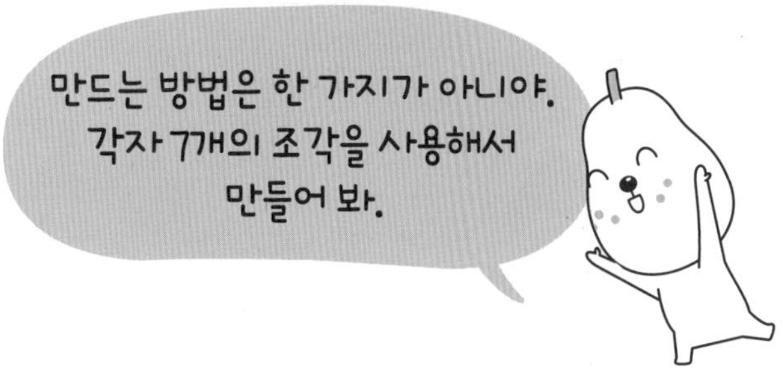
만드는 방법은 한 가지가 아니야.
각자 7개의 조각을 사용해서
만들어 봐.

꽥꽥, 오리예요.

느릿느릿, 거북!

05 오각형 알기

체로야,
여기서 뭐 하고 있어?
지금 울타리 하나를 세우는 중이야.
활짝
울타리를 세운다고?
깜짝
여기 공원에 왔더니 울타리 하나가 없더라고.
앗!

● 무엇을 배울까요? 변의 수를 늘려 가며 오각형을 만들어 보게 합니다. 삼각형과 사각형의 특징을 이용하여 오각형의 의미를 이해하고 이름을 지어 보게 합니다.

● 언제 배울까요? 초등학교 2학년 1학기 여러 가지 도형 단원에서 배워요.

진짜네~ 가운데 울타리 하나가 없네.
짠~ 그래서 내가 집에서 울타리를 만들어 왔어.
척
색깔까지 똑같이 만들어 왔어.
우아~ 정말 잘했어!
엄지 척!

어때?
정말 똑같지?
찡긋
응! 다시 봐도 울타리와
똑같은 오각형 모양이야!
자~
이제 이걸 빈 곳에
세우기만 하면 돼.
좋아!
나도 도와줄게.
척
만든 울타리를 줘 봐!
내가 세워 볼게.
응. 여기!
잠깐,
만들어 온 울타리가
뭔가 이상한데…
멈칫

흐익! 체로야!
깜짝
왜 그래?
울타리를
만들어 온 건
좋은데 말이야.
울타리를
종이로 만들면
어떡해!
추욱
울타리는
나무로 만들어야 해.
끄응.
펄럭
펄럭
히히~
집에 나무가
없더라고.
공원 관리 아저씨께
고쳐 달라고
말하러 가자.

오각형 알기

▶ 변 5개로 둘러싸인 모양을 오각형이라고 합니다.

오각형은 변이 5개, 꼭짓점이 5개 있어요.

고무줄을 이용해서 오각형을 만들어 볼까요?

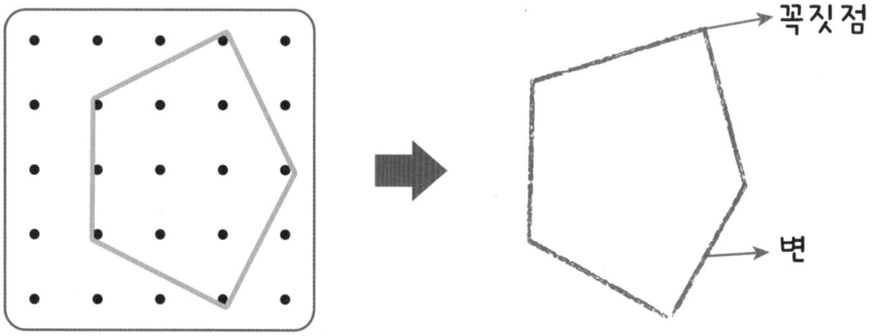
꼭짓점
변

변 → 5개
꼭짓점 → 5개

오각형은 변이 5개, 꼭짓점이 5개예요.

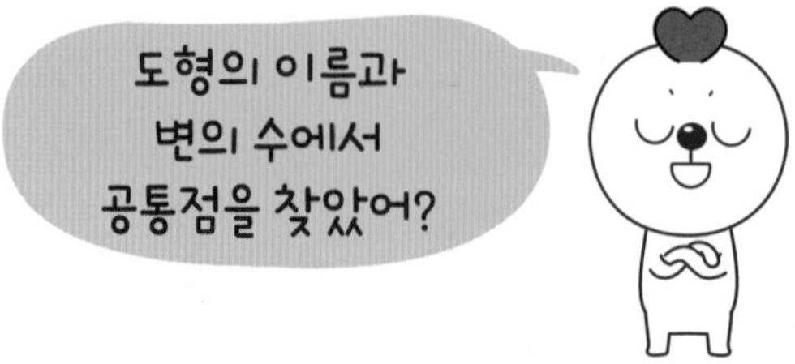
도형의 이름과
변의 수에서
공통점을 찾았어?

도형의 이름과 변의 수는 어떤 관계가 있을까요?

이름	변의 수(개)	꼭짓점의 수(개)
삼각형	3	3
사각형	4	4
오각형	5	5

변의 수에 따라 도형의 이름이 정해져요.

주변에서 오각형을 찾아볼까요?

표지판, 축구공, 집에서 변이 5개인 오각형을 찾을 수 있어요.

어린이보호

표지판

축구공

집

칠교판 조각으로 오각형을 만들어 볼까요?

만들고 나서
변을 따라 그려 봐.
변이 5개면 오각형을 맞게
만든 거야!

모양은 서로 다르지만
변의 수를 세어 보면
모두 5개로 오각형이에요.

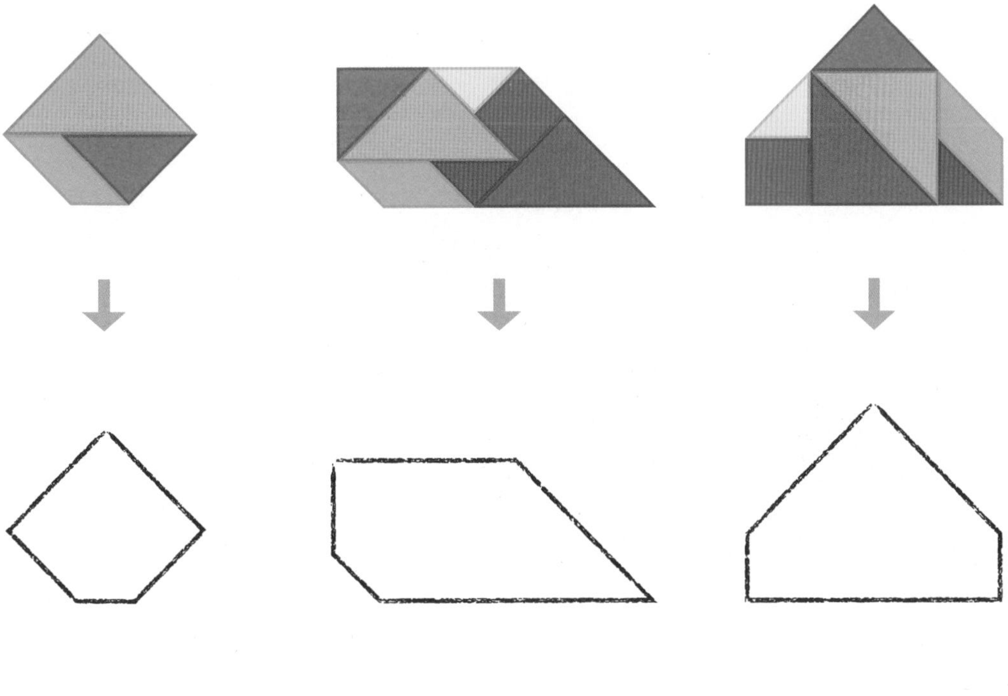

06 육각형 알기

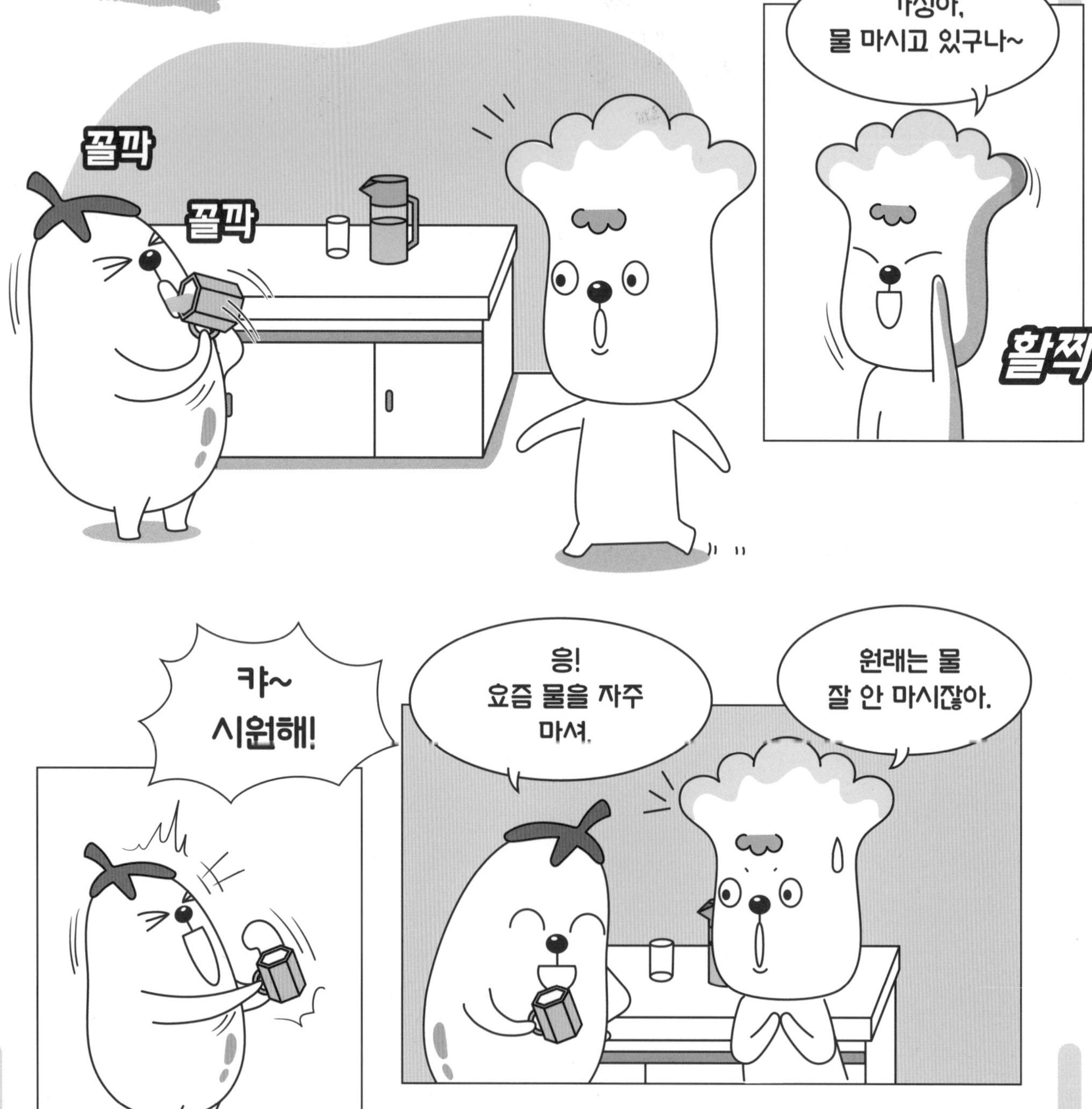
꼴깍
꼴깍
가징아,
물 마시고 있구나~
활짝
캬~
시원해!
응!
요즘 물을 자주
마셔.
원래는 물
잘 안 마시잖아.

● 무엇을 배울까요? 변의 수를 늘려 가며 육각형을 만들어 보게 합니다. 삼각형과 사각형의 특징을 이용하여 육각형의 의미를 이해하고 이름을 지어 보게 합니다.

● 언제 배울까요? 초등학교 2학년 1학기 여러 가지 도형 단원에서 배워요.

그랬었지~
그런데 이제 물을 자주 마신다고?
이유가 뭐야?
휙
히히~ 사실은 말이야.
씨익
짜잔! 이 컵 때문이야.
척!

컵?
응. 이 컵 때문에 요즘 물 마시는 재미가 있어.
씨익
말도 안 돼. 컵 때문에 물 마시는 게 재미있다니!
척
정말이야. 이 컵을 자세히 봐.
휙
잠깐.
멈칫
우아~ 그러고 보니 컵이 좀 특이하게 생겼구나.
척

응~ 보통은 컵이 저렇게 둥근기둥 모양이잖아.
맞아. 보통은 저렇게 둥근기둥 모양이지.
근데 이건 육각형 모양이야!
방긋
육각형 모양?
자~ 위에서 보면 이렇게 육각형이지?
정말이네. 면이 여섯 개 있는 육각형이구나.

하하~
물 마시는 재미라는 게
뭔지 알겠어.
컵이 재미있게 생겨서
마시는 재미도
있다는 거지?
활짝
맞아. 히히~
나도
한번 마셔 봐도 될까?
관절
관절
내가 아끼는 거지만
쵸배는 마시게 해 줄게.
씨익
응. 자~
척!
고마워.
마침 나도 목 말랐는데
잘됐다.

꼴깍
꼴깍
엥? 잠깐. 근데 물맛이 좀 이상한데…
멈칫
왜 그래? 무척 맛있나 보지?
활짝
그게 아니라 컵에서 냄새가…
킁킁~
킁킁~
으악! 컵에서 냄새가 나잖아. 도대체 언제 컵을 씻은 거야?
히히~ 그러고 보니 씻기도 아까워서 산 뒤에 한 번도 씻지 않았네.
흐이익! 더러워! 도망가자.
휙
후다닥

육각형 알기

▶ 변 6개로 둘러싸인 모양을 육각형이라고 합니다.

육각형은 변이 6개, 꼭짓점이 6개 있어요.

고무줄을 이용해서 육각형을 만들어 볼까요?

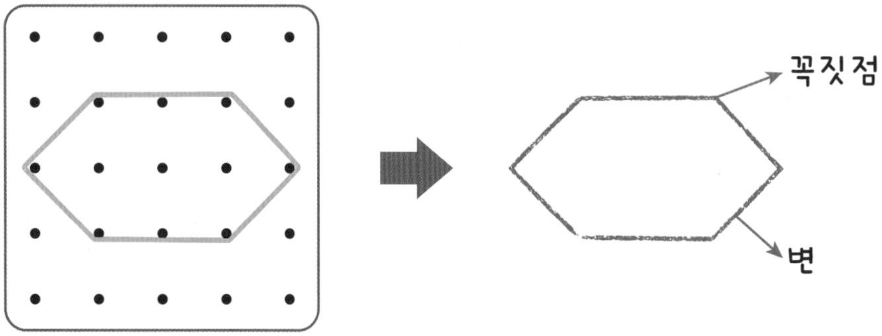
꼭짓점
변

변 → 6개
꼭짓점 → 6개

육각형은 변이 6개, 꼭짓점이 6개예요.

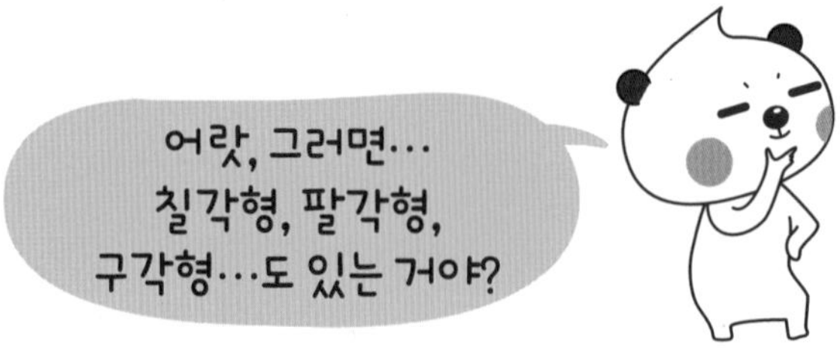
어랏, 그러면…
칠각형, 팔각형,
구각형…도 있는 거야?

도형의 이름과 변의 수는 어떤 관계가 있을까요?

이름	변의 수(개)	꼭짓점의 수(개)
삼각형	3	3
사각형	4	4
오각형	5	5
육각형	6	6

변의 수에 따라 도형의 이름이 정해져요.

주변에서 육각형을 찾아볼까요?

벌집, 바닥의 타일, 축구공에서 변이 6개인 육각형을 찾을 수 있어요.

벌집

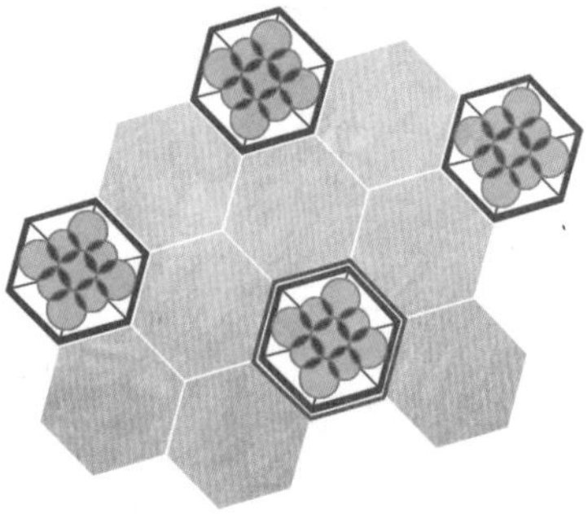

타일

축구공

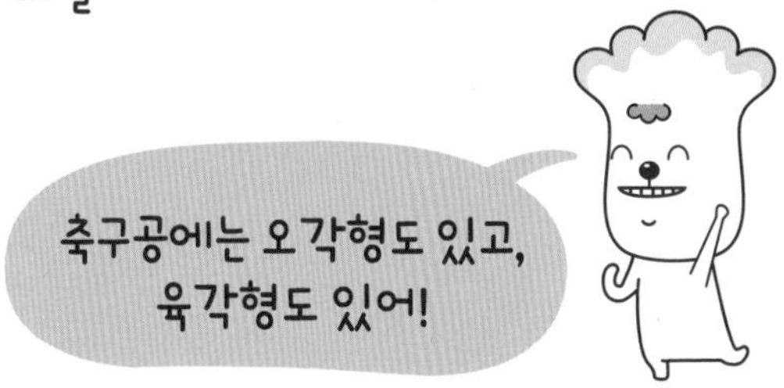
축구공에는 오각형도 있고,
육각형도 있어!

칠교판 조각으로 육각형을 만들어 볼까요?

칠교판의 7조각을 모두 사용해서 만들었어요.
모양은 서로 다르지만 변의 수를 세어 보면 모두 6개로 육각형이에요.

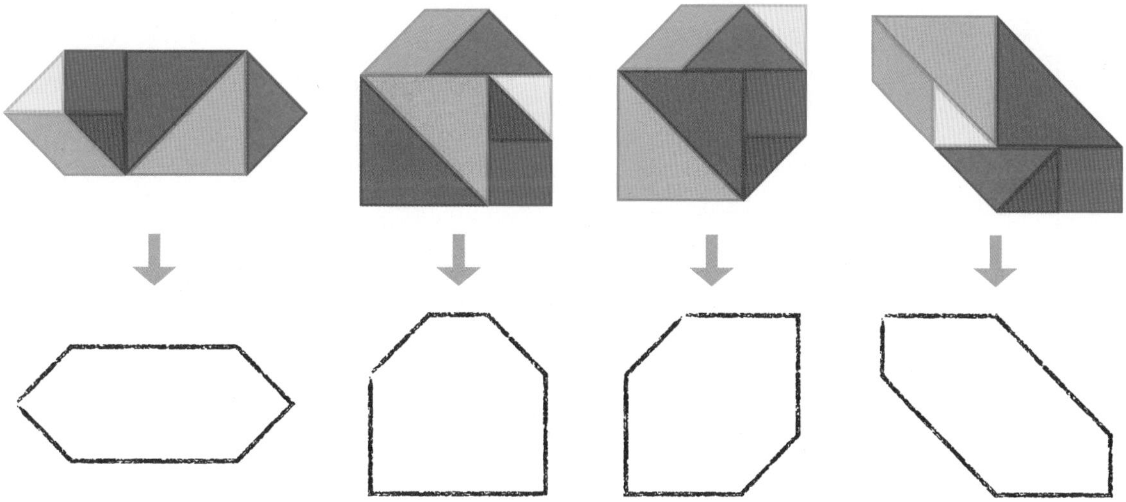

07 똑같은 모양으로 쌓기

흐아암~ 심심해.
뭐 재미있는 놀이 없을까?
곰곰
앗! 배찌야. 우리 그럼 쌓기나무 가지고 놀까?
번쩍
오옷! 좋아~ 재미있겠다.

- 무엇을 배울까요? 쌓기나무가 쌓인 모양을 보고 똑같은 모양으로 쌓게 합니다.
'~의 앞', '~의 오른쪽', '~의 위', '2층'이 나타내는 의미를 이해하게 합니다.
쌓기나무로 쌓은 모양에 대해 설명을 듣고 똑같이 쌓게 합니다.
- 언제 배울까요? 초등학교 2학년 1학기 여러 가지 도형 단원에서 배워요.

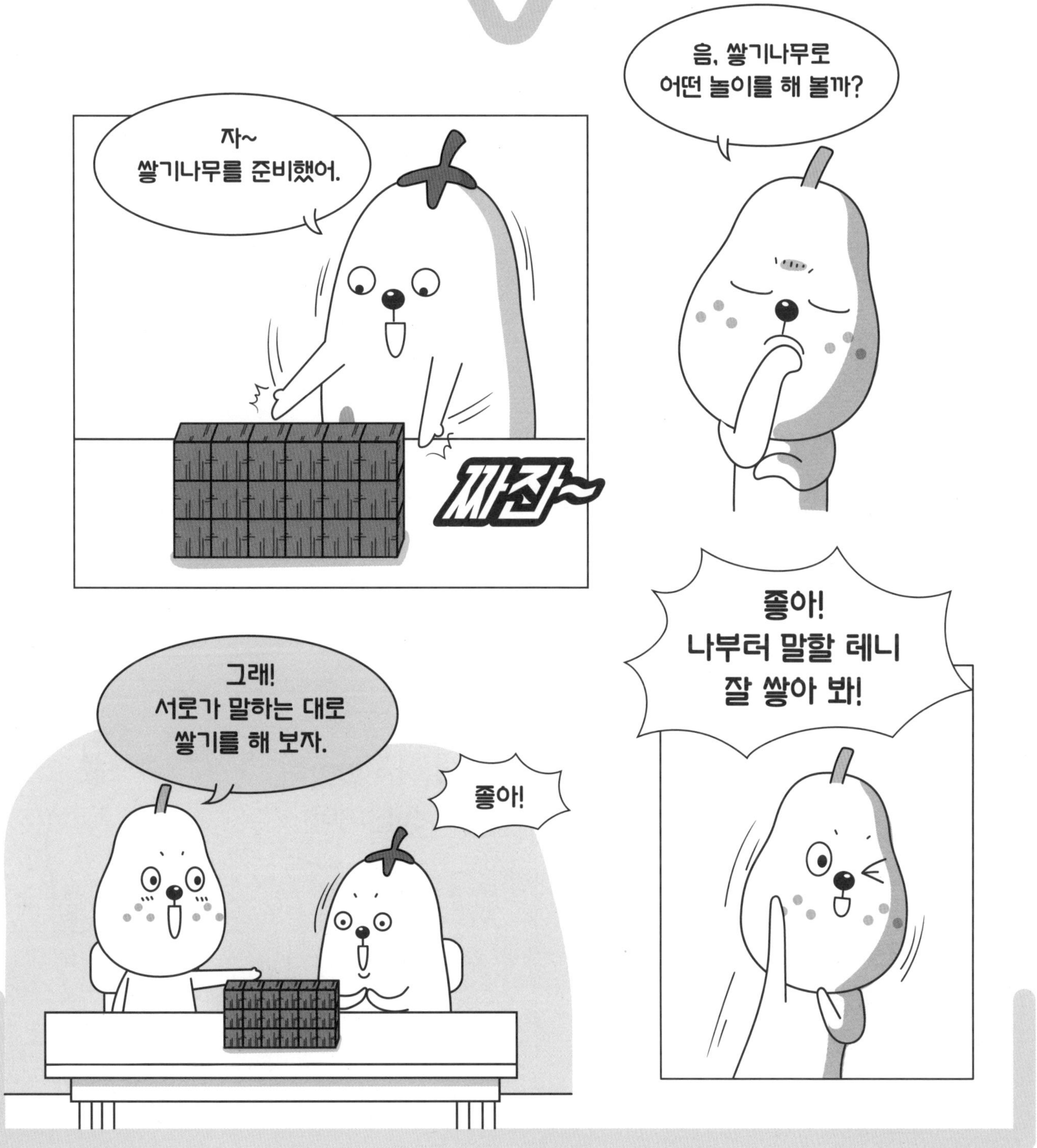

자~ 쌓기나무를 준비했어.
짜잔~
음, 쌓기나무로 어떤 놀이를 해 볼까?
그래! 서로가 말하는 대로 쌓기를 해 보자.
좋아!
좋아! 나부터 말할 테니 잘 쌓아 봐!

쌓기나무 2개를
2층으로 쌓고
척
1층의 쌓기나무,
오른쪽과 왼쪽에
각각 2개씩 있어.
척
짠~ 어때?
맞았지?
이야~ 맞았어.
정답이야!

이번엔 내가 말할 테니 잘 쌓아 봐~
좋아!
쌓기나무 2개를 위로 쌓고
3개를 더 쌓고
척
그 위에 5개를 더 쌓아.
킥킥~ 분명 쌓기나무가 쓰러지겠지?
짜잔!
척
뜨헉! 저걸 세우다니. 내가 졌다.
깜짝

똑같은 모양으로 쌓기

- 쌓기나무를 쌓아서 여러 가지 모양을 만들 수 있습니다.
- 쌓은 모양을 보고 설명할 수 있고, 설명하는 글을 보고 똑같이 쌓을 수 있습니다.

설명에 따라 쌓기나무를 똑같이 쌓아 볼까요?

쌓기나무의 전체적인 모양,
이용된 쌓기나무의 수,
쌓기나무를 놓은 위치나 방향,
쌓기나무의 층수 등을 생각하며 쌓아요.

쌓기나무를 놓은 것을
설명한 글을 보고
연습해 봐.

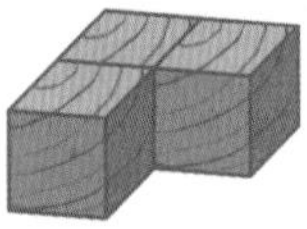

옆으로 붙여 놓기

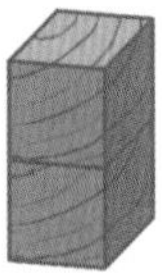

위로 쌓아 놓기

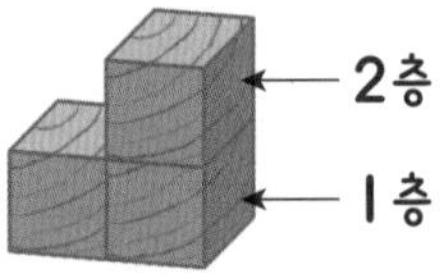
2층
1층

옆으로 붙여 놓고,
위로 쌓아 놓기

빨간색 쌓기나무의 오른쪽에 놓인 쌓기나무를 찾아볼까요?

앞이 정해져야 오른쪽 방향이 정해져요.

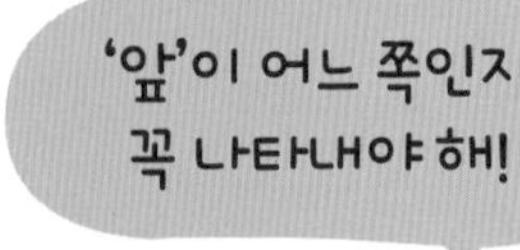

'앞'이 어느 쪽인지
꼭 나타내야 해!

오른쪽
앞

오른쪽
앞

오른쪽
앞

빨간색 쌓기나무의 위에 놓인 쌓기나무를 찾아볼까요?

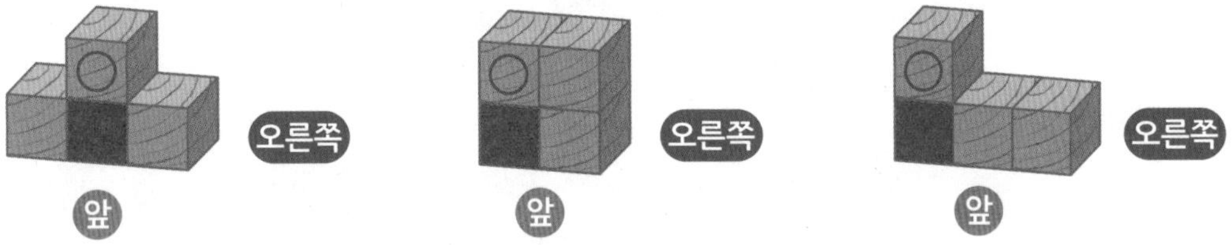
오른쪽
앞
오른쪽
앞
오른쪽
앞

빨간색 쌓기나무는 바닥에 닿아 있어서 1층에 놓여 있어요.
빨간색 쌓기나무의 위에 놓인 쌓기나무는 2층에 놓였다고 할 수 있어요.

쌓기나무로 만든 모양을 보고 친구에게 설명해 볼까요?

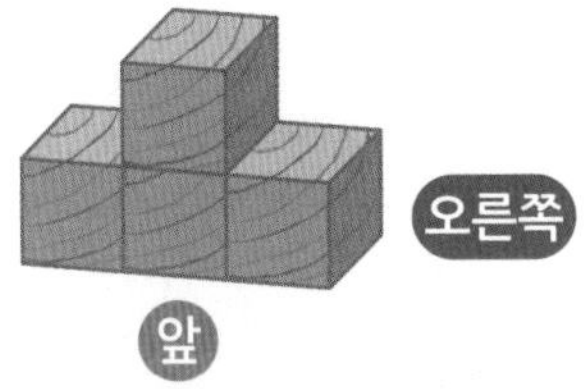
오른쪽
앞

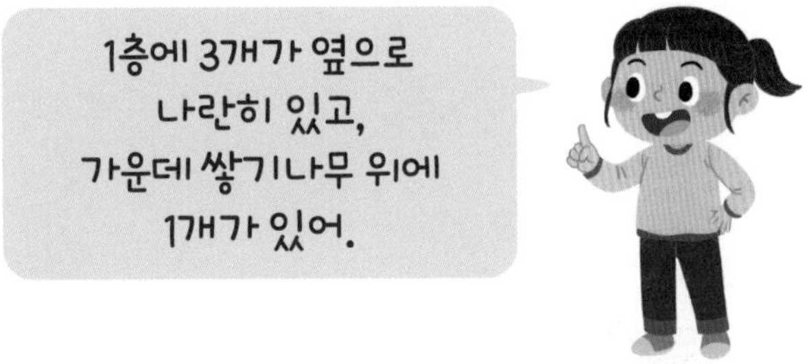
1층에 3개가 옆으로 나란히 있고, 가운데 쌓기나무 위에 1개가 있어.

만든 모양의 위치나 방향을 이용하여 설명할 수 있어.

오른쪽
앞

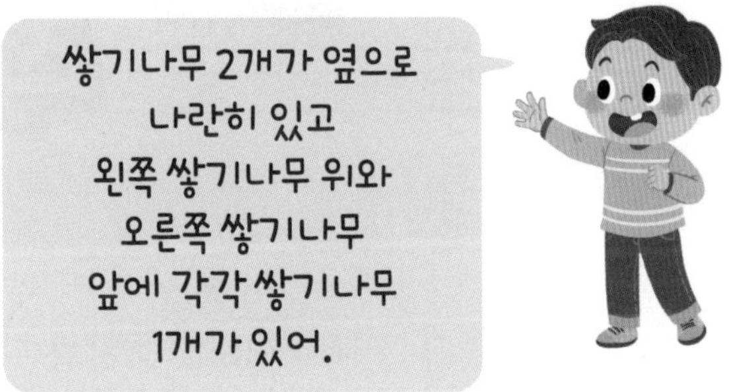
쌓기나무 2개가 옆으로 나란히 있고 왼쪽 쌓기나무 위와 오른쪽 쌓기나무 앞에 각각 쌓기나무 1개가 있어.

친구의 설명을 듣고 쌓기나무로 모양을 만들어 볼까요?

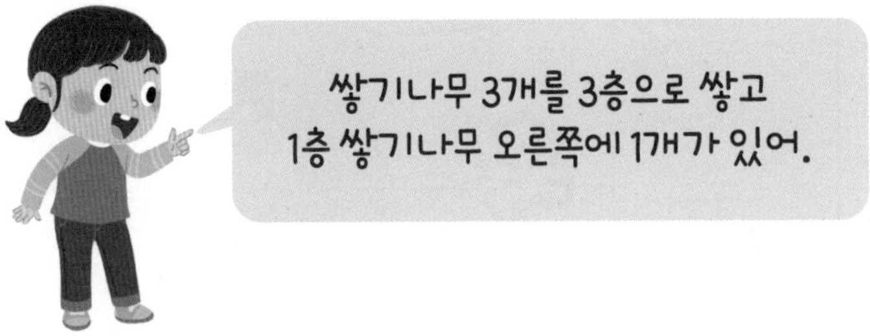
쌓기나무 3개를 3층으로 쌓고 1층 쌓기나무 오른쪽에 1개가 있어.

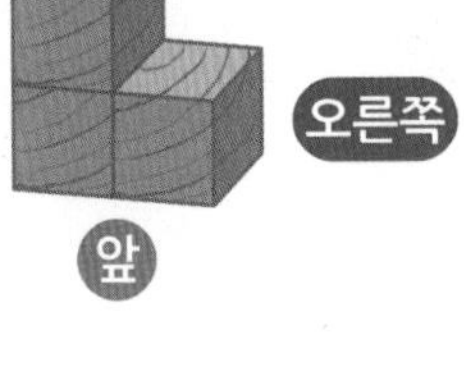
3층
오른쪽
앞

08 같은 개수로 여러 모양 쌓기

자~
이번에는 쌓기나무로
어떤 걸 해 볼까?
이번엔
쌓기나무 찾기야.
척
쌓기나무 찾기?
응.
내가 다양한 모양의
쌓기나무를 미리
만들 거야.
그중에 내가 설명한
쌓기나무와 같은 걸
네가 맞혀야 해.
휙

● 무엇을 배울까요? 쌓기나무를 이용하여 여러 가지 모양으로 쌓게 합니다.
만든 모양에 대해 위치나 방향을 이용하여 설명하게 합니다.
주어진 쌓기나무 수를 이용하여 만들 수 있는 다양한 모양을 알아보게 합니다.

● 언제 배울까요? 초등학교 2학년 1학기 여러 가지 도형 단원에서 배워요.

오옷! 그것도 재미있겠다.
자~ 그럼 쌓기나무를 다양하게 만들어 놓고~
샤샤샥
자~ 다 만들었어. 그럼 1단계야.
이중에서 쌓기나무 개수가 8개인 것은?

후훗~
1단계는 쉽군.
씨익
바로
이 2가지야.
휙
휙
맞았어!
그럼 2단계~
이중에 1층에 5개,
2층에 3개인 쌓기나무는?
음…
알았다!
벌떡

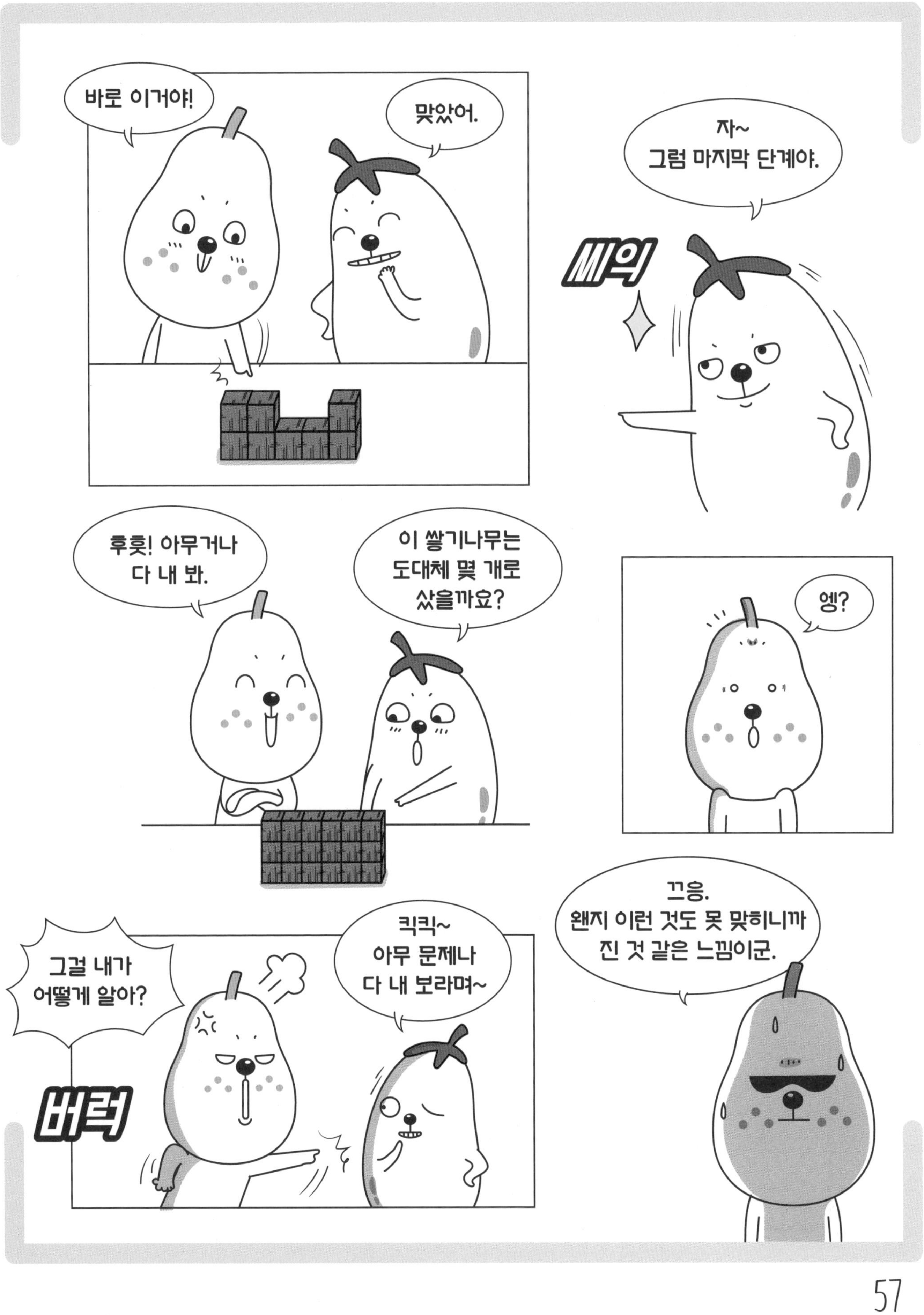

바로 이거야!
맞았어.
자~
그럼 마지막 단계야.
씨익
후훗! 아무거나
다 내 봐.
이 쌓기나무는
도대체 몇 개로
샀을까요?
엥?
그걸 내가
어떻게 알아?
버럭
킥킥~
아무 문제나
다 내 보라며~
끄응.
왠지 이런 것도 못 맞히니까
진 것 같은 느낌이군.

같은 개수로 여러 모양 쌓기

- 같은 개수의 쌓기나무를 쌓아 여러 가지 다른 모양도 만들 수 있습니다.
- 여러 가지 모양으로 쌓아 보고 모양을 설명할 수 있습니다.

쌓기나무로 여러 가지 모양을 만들고 '앞' 방향을 정하면 모양을 설명하기 쉬워요.

쌓기나무 3개로 여러 가지 모양을 만들어 볼까요?

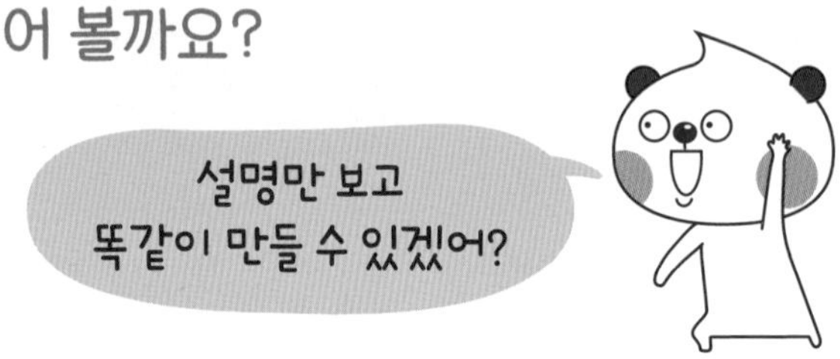

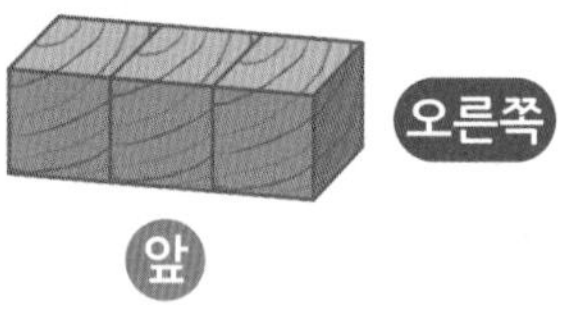

쌓기나무 3개가 옆으로 나란히 있어요.

쌓기나무 2개가 나란히 있고
왼쪽 쌓기나무 위에 1개가 있어요.

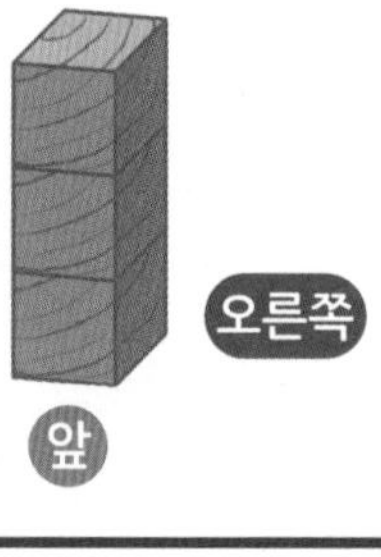

쌓기나무 3개가 3층으로 쌓여 있어요.

쌓기나무 5개로 여러 가지 모양을 만들어 볼까요?

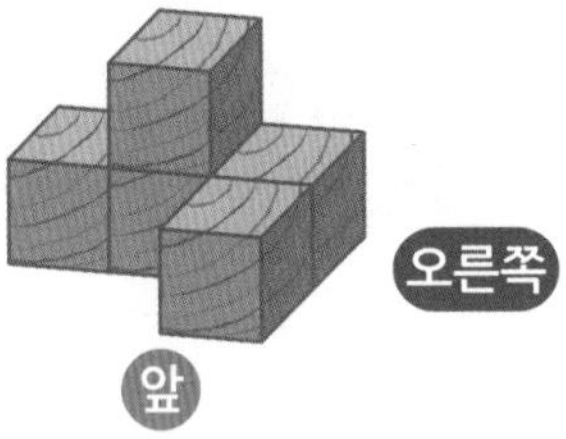

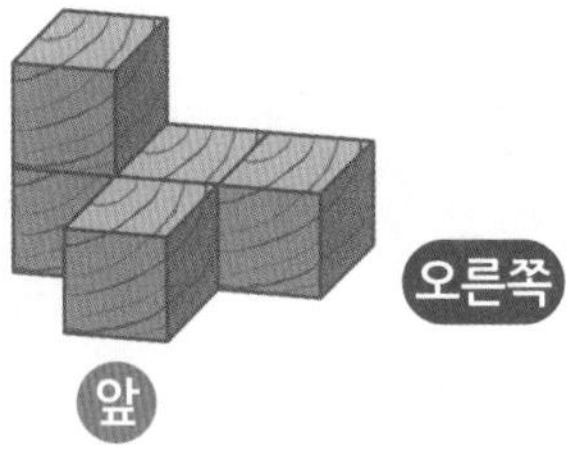

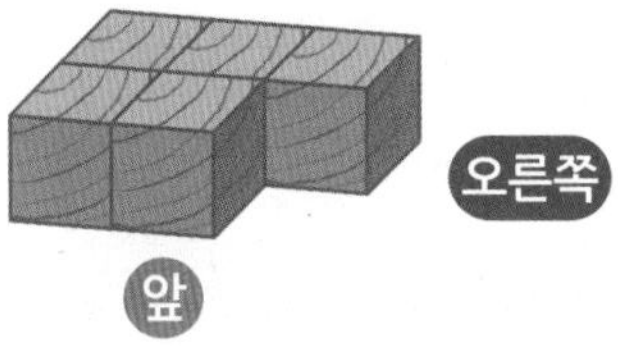

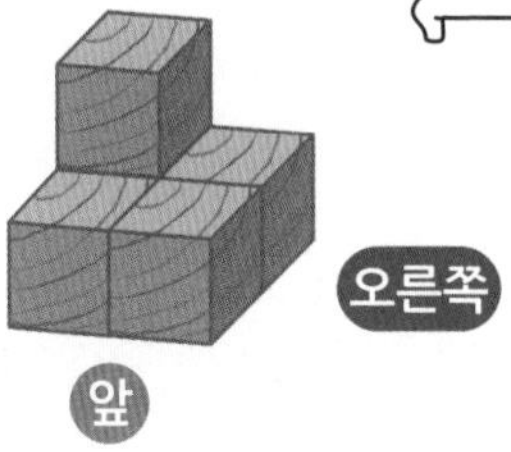

쌓기나무의 수가 늘어날수록 쌓을 수 있는 모양이 많아져요.

설명대로 만든 모양을 찾아볼까요?

설명

쌓기나무 6개로 쌓았습니다.
1층에 4개, 2층에 2개를 쌓았습니다.

두 모양 모두 쌓기나무 6개로 만들었지만
1층과 2층에 놓여진 쌓기나무 수가 달라요.

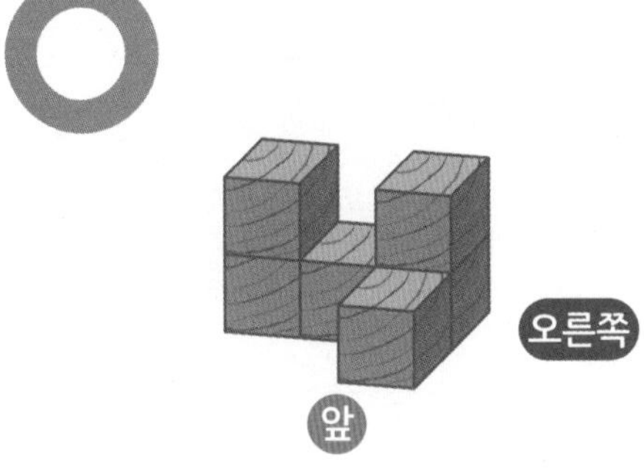

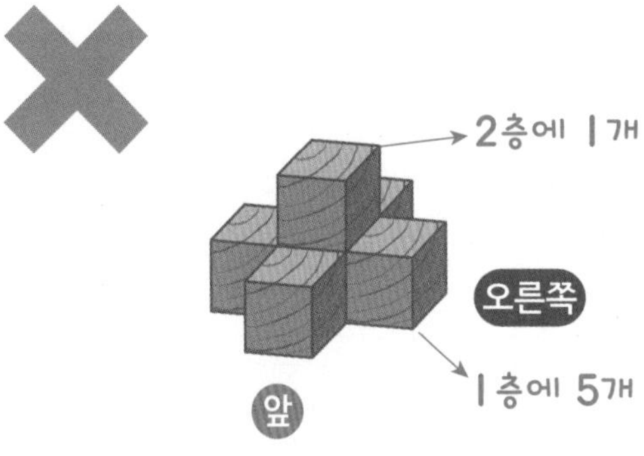

01 여러 가지 단위로 길이 재기

토리야, 우리가 매일 앉는 이 책상은 길이가 얼마나 될까?
책상의 길이를 알 수 있는 방법은 다양해.
정말?
깜짝
응! 이 연필로 한번 알아보자.
척
척
자~ 이렇게 책상의 끝에서부터 연필을 나열해 보는 거야.

● 무엇을 배울까요? 단위를 이해하고, 재고자 하는 물건에 따라 적절한 임의 단위를 선택할 수 있게 합니다. 표준 단위인 cm의 편리함을 알고 읽고 쓸 수 있게 합니다.

● 언제 배울까요? 초등학교 2학년 1, 2학기 / 3학년 1학기 길이 재기 단원에서 배워요.

앗! 연필 5자루가 연결되었어.
맞아. 이 책상은 연필 단위로 5번이 되는 길이야.
이렇게 다양한 도구를 이용해서 책상의 길이를 측정할 수 있어.
그렇구나! 나도 재어 볼래.
휙
음, 난 뭘로 재어 보지?
그래. 난 이 손을 이용해서 재어 볼 거야.
척

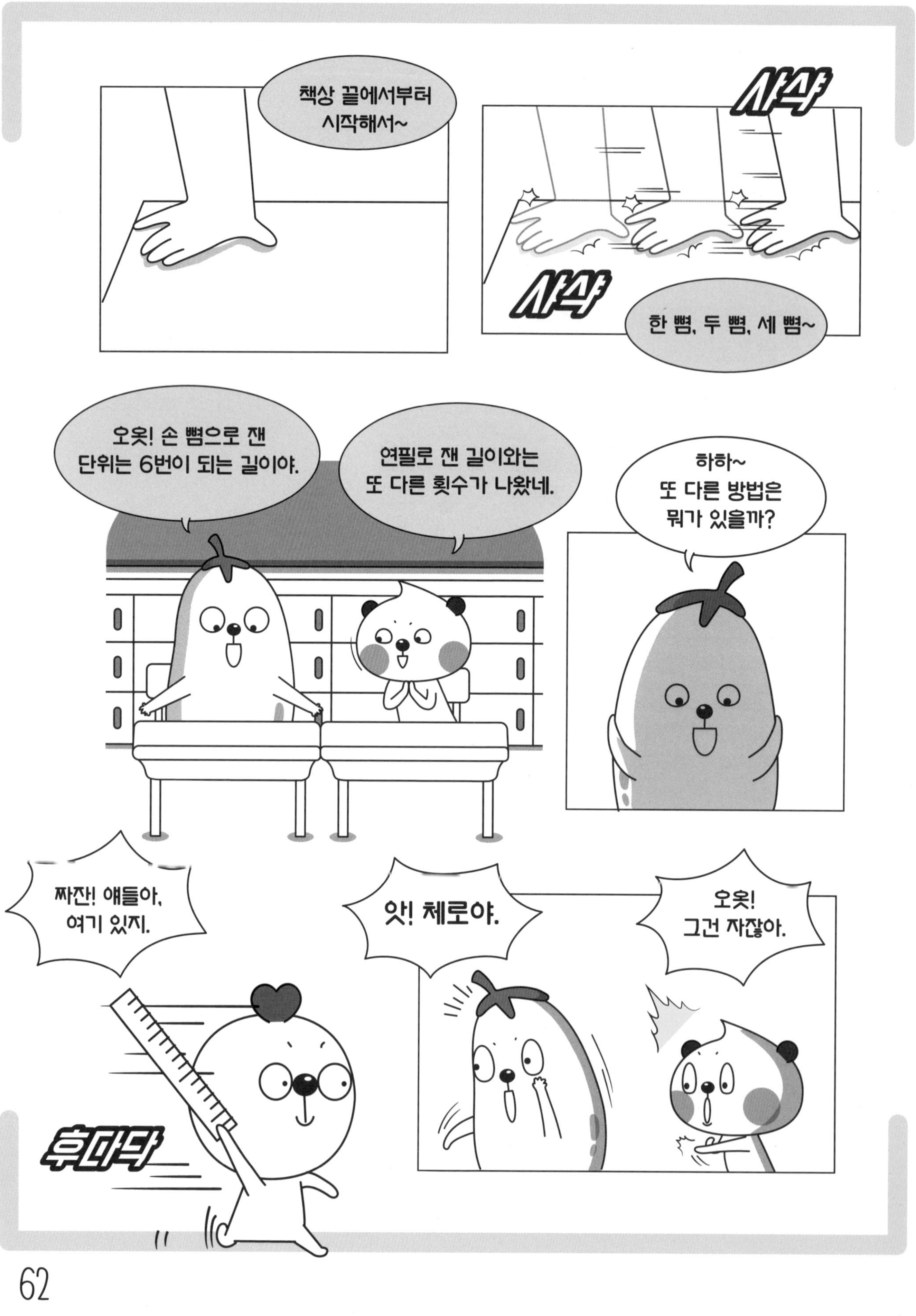
책상 끝에서부터
시작해서~
사샥
사샥
한 뼘, 두 뼘, 세 뼘~
오옷! 손 뼘으로 잰
단위는 6번이 되는 길이야.
연필로 잰 길이와는
또 다른 횟수가 나왔네.
하하~
또 다른 방법은
뭐가 있을까?
짜잔! 얘들아,
여기 있지.
후다닥
앗! 체로야.
오옷!
그건 자잖아.

응. 자를 사용해도 길이를 잴 수 있어.
자?
맞아. 자를 사용해도 돼.
좋아. 그럼 내가 재 볼게.
자를 사용한다면
책상 끝에서부터~ 한 번, 두 번!
사샤
얘들아, 자를 사용해서 길이를 재면 자로 2번 되는 길이야.
방긋
끄응… 가징아, 자는 그렇게 사용하는게 아니야.
맞아. 자는 숫자로 길이를 재는거야.
자를 그렇게 쓰는 건 가징이 너밖에 없을 거야.

여러 가지 단위로 길이 재기

▶ 길이를 잴 때 사용할 수 있는 단위에는 여러 가지가 있습니다.

단위에 따라 길이를 나타내는 값이 달라지면 불편하므로 'cm(센티미터)' 를 사용하여 나타내요.

필통 속에 있는 물건들을 단위로 해서 재어 볼까요?

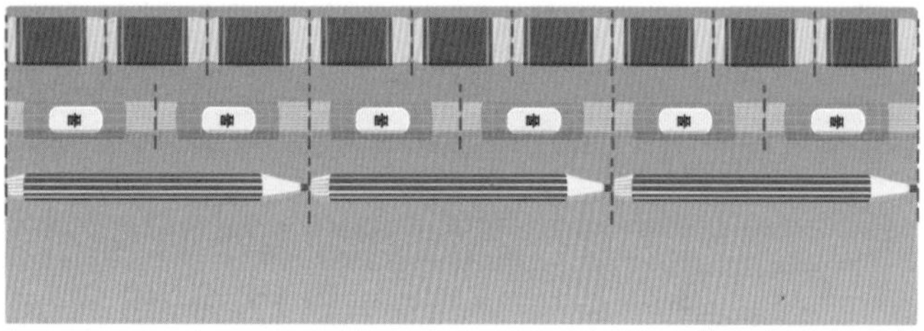

짧은 단위로
잰 횟수가 많아!

지우개를 단위로 해서 재어 보면 9번이에요.
풀을 단위로 해서 재어 보면 6번이에요.
색연필을 단위로 해서 재어 보면 3번이에요.
같은 책상의 길이를 재는 데 재는 물건에 따라 횟수가 다르게 나와요.

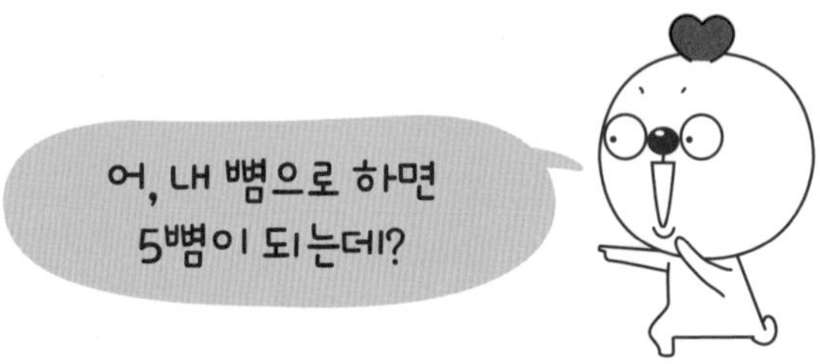
어, 내 뼘으로 하면
5뼘이 되는데!?

몸을 단위로 해서 재어 볼까요?

뼘을 단위로 해서 재어 보면 4뼘이 돼요.
그런데, 사람들마다 손의 크기가 다르므로 뼘의 길이도 달라서 같은 책상의 길이를 재어도 횟수가 다를 수 있어요.

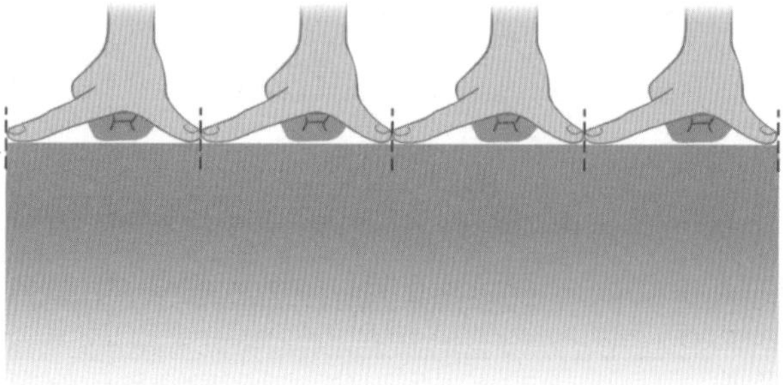

모두가 똑같이 나타낼 수 있는 길이의 단위가 있을까요?

뼘이나 발, 손가락과 같은 몸의 일부를 단위로 정해서
길이를 재면 사람마다 길이가 다르기 때문에
나타내는 수가 모두 달라요.
또 길이가 같은 물건을 사용해서 나타내더라도
똑같은 물건을 가지고 있지 않으면 정확한 길이를
알 수 없어요.

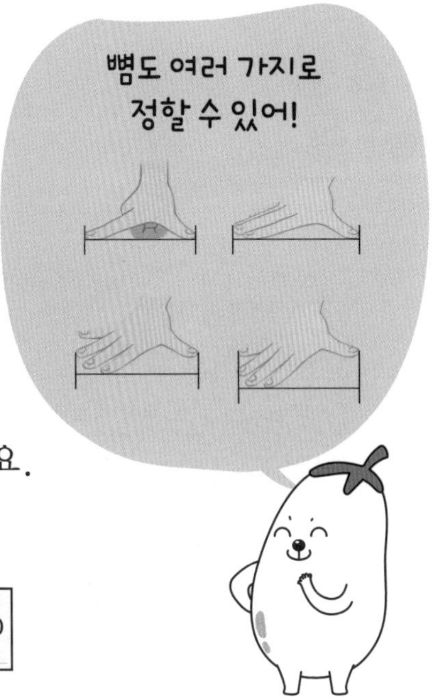

━ 의 길이를 1 cm 라 쓰고 1 센티미터라고 읽어요.

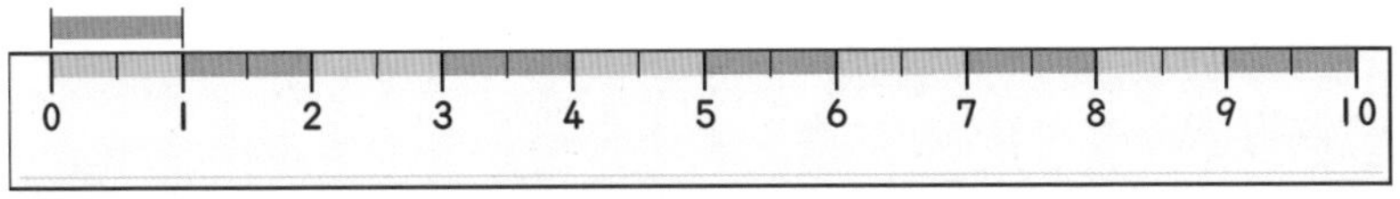

위의 그림과 같은 길이를 1 센티미터로 약속하고
모든 물건의 길이를 cm를 단위로
나타내면 편리해요.

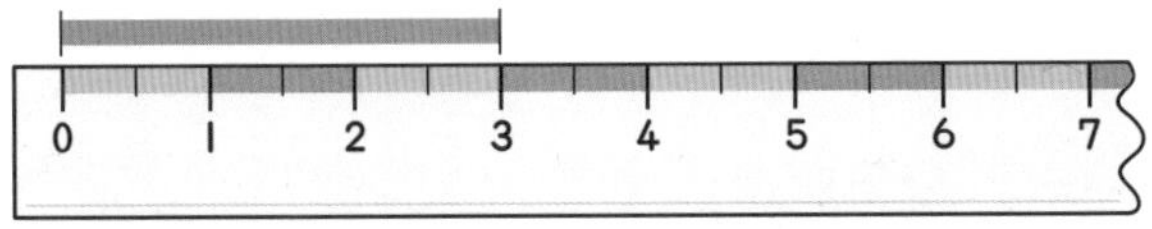

→ 1 cm가 3번

(쓰기) 3 cm (읽기) 3 센티미터

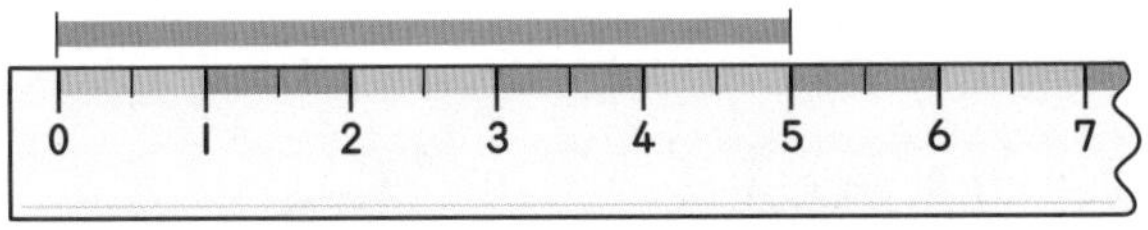

→ 1 cm가 5번

(쓰기) 5 cm (읽기) 5 센티미터

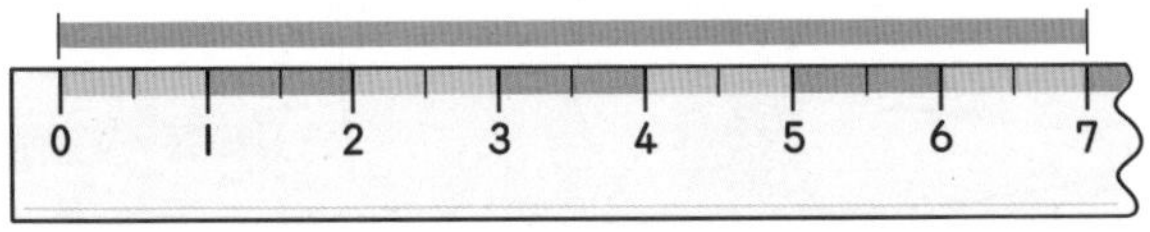

→ 1 cm가 7번

(쓰기) 7 cm (읽기) 7 센티미터

02 자를 이용하여 길이재기

얘들아,
자 가지고 왔어.
앗! 고마워.
쵸배야.
그런데
자는 왜 가지고 오라고
한 거야?
토리에게 줄
시계 선물을 박스에 담아
포장하려고.
척
그래서 선물 박스의
가로, 세로, 높이의
길이를 잴 거야.
그리고
그 길이에 맞춰서
포장지를 잘라 포장을
하려고.

- 무엇을 배울까요? 자의 바른 사용법을 알고 여러 가지 물건의 길이를 바르게 잴 수 있게 합니다.
  여러 가지 물건의 길이를 재고 길이의 양감을 느낄 수 있게 합니다.
- 언제 배울까요? 초등학교 2학년 1, 2학기 / 3학년 1학기 길이 재기 단원에서 배워요.

그렇구나!
탁
얼른 박스의 길이를 재어 보자.
응!
나도 이제 자를 사용하는 법을 알아. 내가 한번 재 볼게.
씨익
박스의 끝과 눈금 0을 맞춰서 재면~
0 1 2 3 4 5 6 7 8 9 10

가로는 10 cm야.
척
자~ 그럼 이번엔 세로를 재어 보자.
세로는 내가 재어 볼게.
척
이렇게 자의 0에 맞추지 않고 재도 돼.
0 1 2 3 4 5 6 7 8 9 10
세로 끝을 2 cm에 맞췄을 때 끝은 8 cm니까 8-2는 6!
휙
세로는 6 cm야.
맞아! 히히~
자를 세워서 재 보면~
높이는 5 cm야.
탁

방금
자로 잰 크기에 맞춰
자른 이 포장지로
포장만 하면
척
슈슉
슈슉
척
짜잔~
포장이 끝났어.
우린
역시 대단해!
얘들아,
그런데 말이야.
너희들…
엥?
왜 그래?
박스에
선물인 시계를
안 넣었잖아.
뜨헉!
두둥
흑흑…
다시 다 포장
풀자.
응.
흑흑…

자를 이용하여 길이 재기

▶ 자의 사용법을 알고 물건의 길이를 자를 이용하여 cm 단위로 재어 나타낼 수 있습니다.

자를 살펴볼까요?

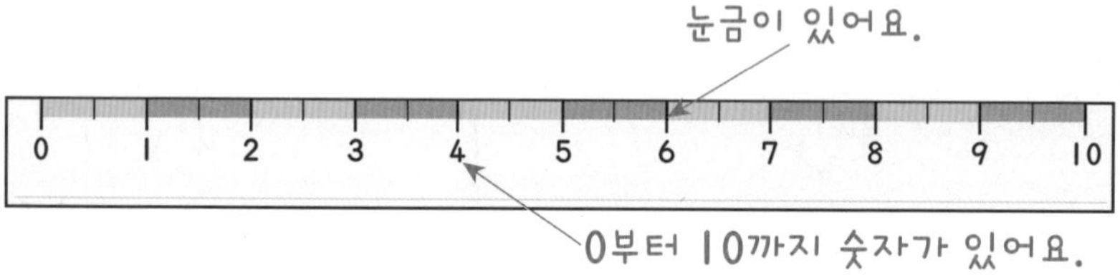

눈금이 있어요.
0 1 2 3 4 5 6 7 8 9 10
0부터 10까지 숫자가 있어요.

자는 어떻게 사용하는 걸까?

초등학교 2학년 때 배우는 길이 재기 단원에서는 자의 모양이 실제 우리가 사용하는 자의 모양과 달라요.
cm 단위를 배우기 위해 자의 눈금이 간단하게 표현되어 있어요.

자를 이용해서 연필의 길이를 재어 볼까요?

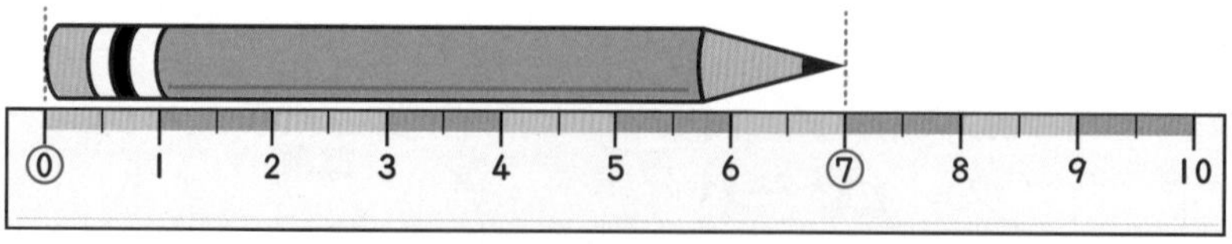

⓪ 1 2 3 4 5 6 ⑦ 8 9 10

연필의 한쪽 끝을 자의 눈금 0에 맞췄어요.
연필의 다른 쪽 끝에 있는 자의 눈금을 읽어요.
→ 연필의 길이는 7 cm예요.

끝 쪽이 닿아 있는 부분의 숫자를 읽으면 되는구나!

자를 사용할 때는 꼭 시작점이 0인가요?

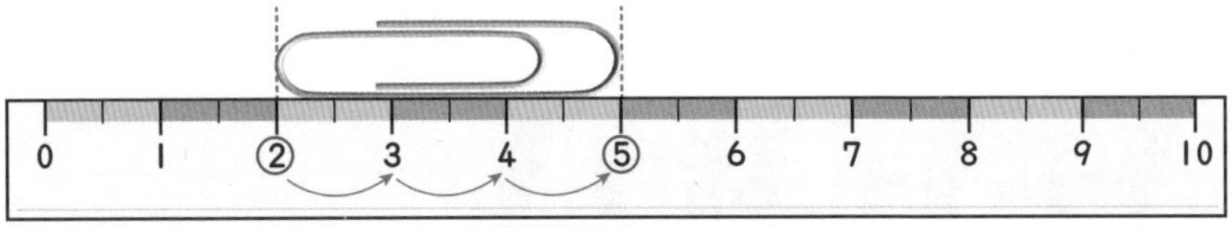

클립의 한쪽 끝을 자의 한 눈금에 맞춰요.
그 눈금에서 다른 쪽 끝까지 1cm가 몇 번 들어가는지 세요.
→ 클립의 길이는 3cm예요.

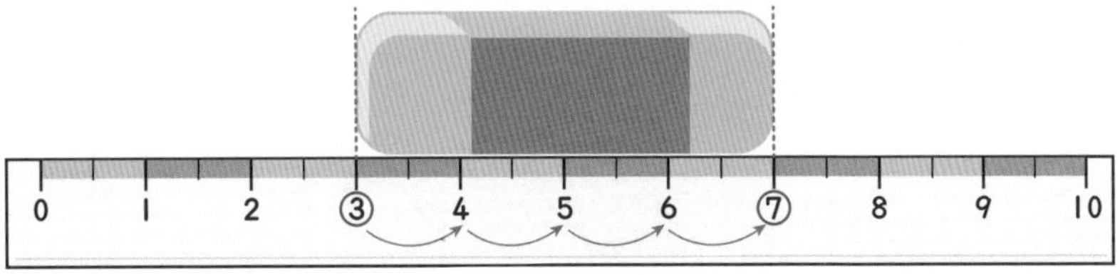

지우개의 한쪽 끝이 자의 3의 눈금에 맞춰 있고 1cm를 4번 만큼 갔어요.
→ 지우개의 길이는 4cm예요.

이렇게 재면 안돼요.

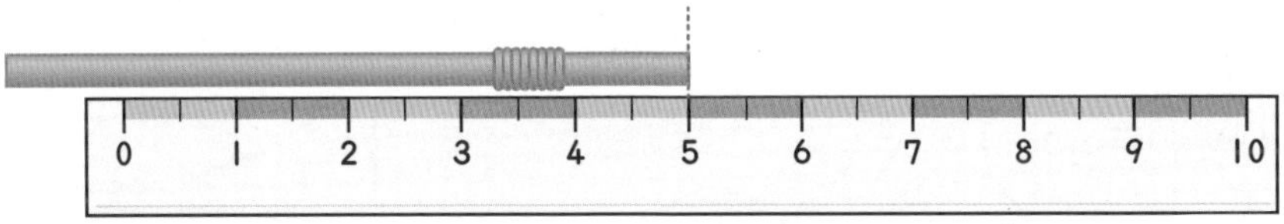

한쪽 끝만 보고 빨대의 길이가 5cm라고 하면 안돼요.
빨대의 한쪽 끝이 자를 벗어나게 두고 재어 잘못되었어요.

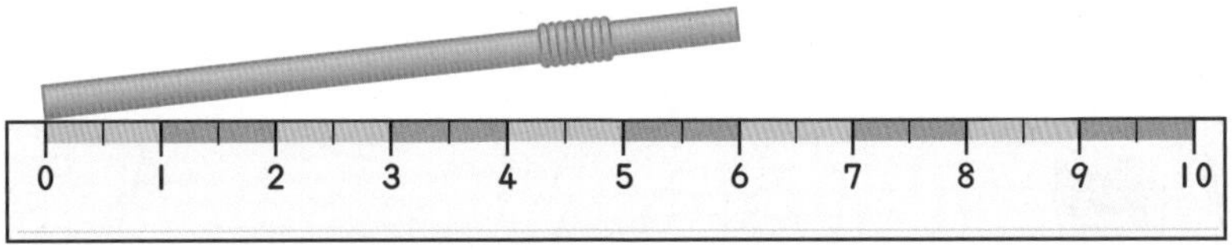

한쪽 끝이 0에 맞춰 있지만 빨대가 자의 눈금 면에
붙어 있지 않아서 정확한 길이를 잴 수 없어요.

03 길이를 '약 몇 cm'로 나타내기

체로야, 어서 와.
룰루랄라~
체로야,
그게 뭐야?
휙
폴짝
히히~
이건 나뭇잎들이야.
나뭇잎?
응. 마당 바닥에
다양한 나뭇잎들이 많이
떨어져 있었어.

● 무엇을 배울까요? 물건의 길이를 자로 재고 '약 몇 cm'로 나타낼 수 있게 합니다.
길이가 자의 눈금 사이에 있을 때는 눈금과 가까운 쪽에 있는 숫자를 읽게 합니다.

● 언제 배울까요? 초등학교 2학년 1, 2학기 / 3학년 1학기 길이 재기 단원에서 배워요.

나뭇잎의 길이가 다양해서 자로 한번 재어 보려고~
방긋
방긋
그렇구나! 그럼 우리 같이 재어 보자!
짜잔~ 자는 여기 있어.
척
좋아! 그럼 우선 이 잎부터 재어 보자.
오옷! 엄청 긴 나뭇잎이야.
척
음… 이 잎은 약 8 cm는 될 것 같은데?

한번 재어 볼까?
우아! 정말이네. 약 8 cm야.
가징이 너, 보는 눈이 아주 정확하구나~
좋아! 나도 맞춰 보겠어.
음… 이 잎은 약 12 cm정도 될 것 같아.
곰곰
엥? 뭐야! 재어 보니까 5 cm잖아.
큭큭~ 예상한 길이랑 아예 틀려.
끄응…

좋아!
다시 맞춰 보겠어!
파악
이 나뭇잎의 길이는
약!
척
약 2 cm에서
15 cm 사이야.
엥?
약 7 cm니까~
0 1 2 3 4 5 6 7 8 9 10
어때?
2 cm에서 15 cm 사이니까
맞췄지? 히히~
우쭐
우쭐
끄응…
맞긴 한데…
그렇게 얘기하면
누구나 다 맞춰.

길이를 '약 몇 cm'로 나타내기

▶ 길이가 자의 눈금 사이에 있을 때는 어림하여 나타냅니다.

길이가 자의 눈금과 눈금 사이에 있을 때는 눈금과 가까운 쪽에 있는 숫자를 읽고 숫자 앞에 '약'을 붙여 말해요.

색연필의 길이는 9 cm일까요, 10 cm일까요?

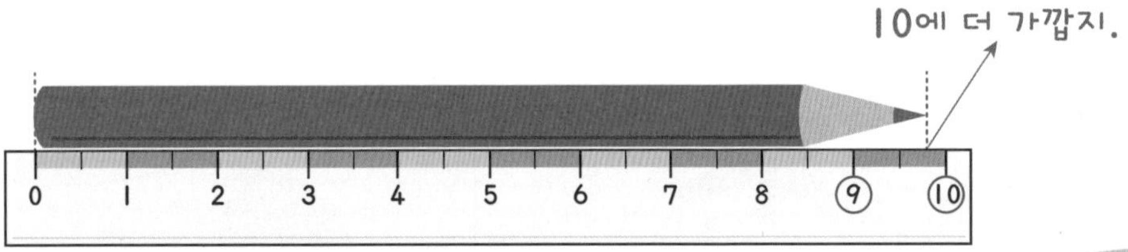

10에 더 가깝지.
0 1 2 3 4 5 6 7 8 9 10

→ 색연필의 길이는 약 10 cm예요.

두 숫자 사이에서
어느 쪽에 더 가까운지
잘 봐!

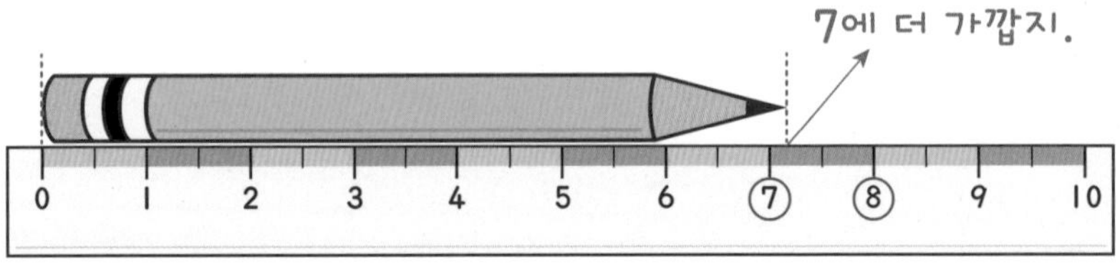

7에 더 가깝지.
0 1 2 3 4 5 6 7 8 9 10

→ 연필의 길이는 약 7 cm예요.

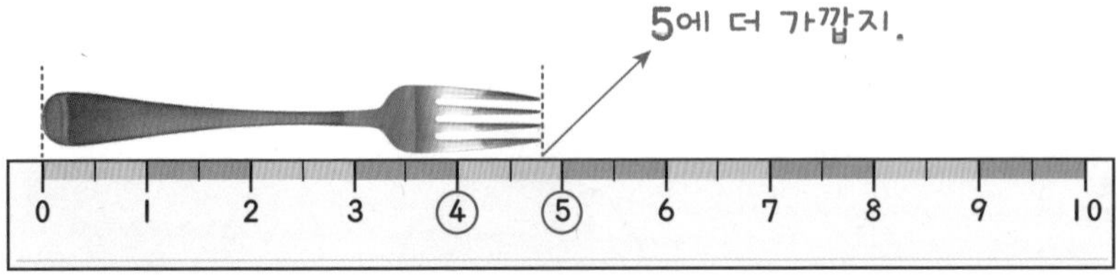

5에 더 가깝지.
0 1 2 3 4 5 6 7 8 9 10

1 cm가 5만큼 들어가므로
약 5 cm라고 할 수 있어.

→ 포크의 길이는 약 5 cm예요.

길이를 어림해 볼까요?

약 몇 cm라고 할 때 길이가 어느 정도인지 예상할 수 있어야 해요.

자를 사용하지 않고
길이를 짐작하는 것을
어림이라고 해.

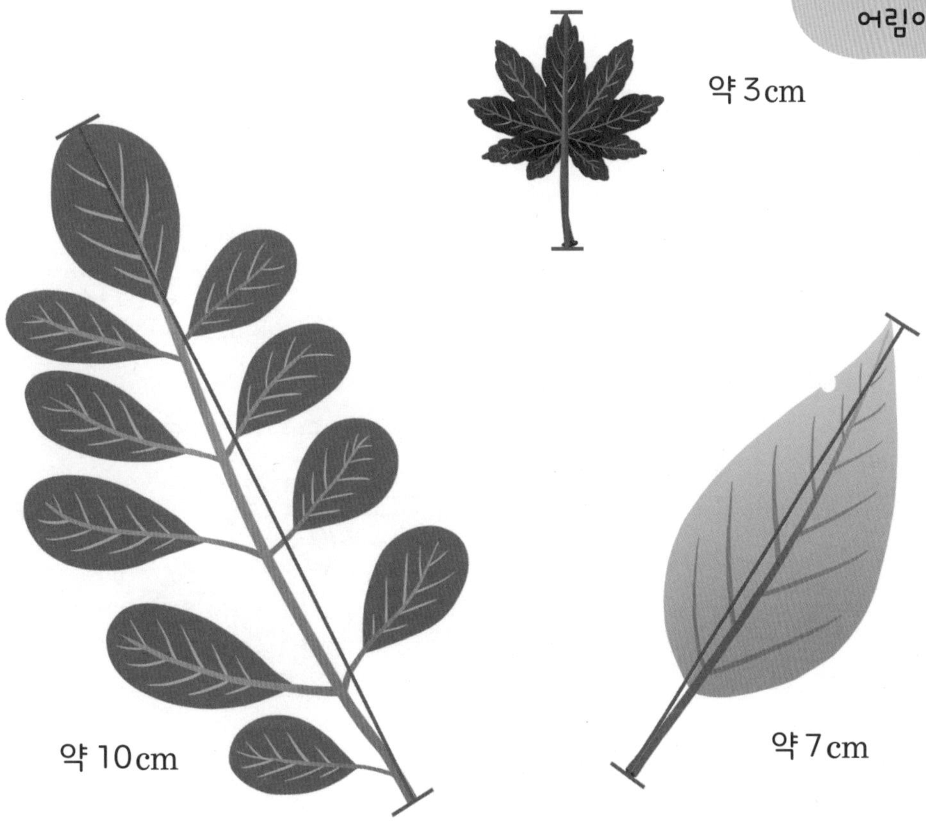
약 3cm
약 10cm
약 7cm

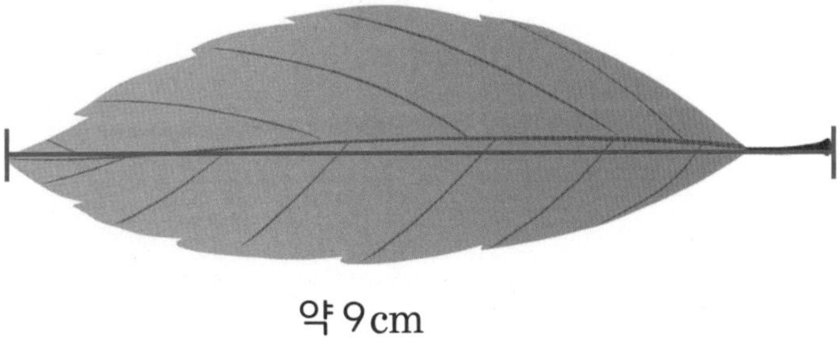
약 9cm

약 15cm라고 하면 어느 정도
길이인지 예상할 수 있겠어?
한번 그어 보고 자로 재서 확인해 봐.

04 cm보다 큰 단위 알기

오잉?
토리야.
쵸배야,
집에 있었구나~
응. 토리야,
왠 일이야?
너희 집 벽에 있는 자를
이용해서 길이를 좀 잴 수
있을까 해서~
당연하지~
어떤 걸 잴 거야?
활짝

● 무엇을 배울까요? 100 cm=1 m임을 알게 합니다. '몇 m 몇 cm'로 나타낸 길이를 '몇 cm'로, '몇 cm'로 나타낸 길이를 '몇 m 몇 cm'로 나타내게 합니다.

● 언제 배울까요? 초등학교 2학년 1, 2학기 / 3학년 1학기 길이 재기 단원에서 배워요.

내가 항상 끼고 자는 이 곰 인형의 길이를 재어 보려고.
아하~ 그럼 얼른 한번 재어 보자!
번쩍
자~ 여기 바닥에서부터 곰 인형을 세우자.
척
머리 끝의 숫자가 130이야.
150
140
130
120
110
100
90
80

이 자의 단위는 cm니까~
앗! 그럼 130 cm구나!
맞아. 히히~ 100 cm가 1 m니까 1 m 30 cm랑 똑같은 거야.
씨익
그렇구나.
활짝
그런데 잠깐!
엥?
시금 생각해 보니 너! 지난주에도 이 곰 인형을 들고 길이를 재러 오지 않았어?
휙

히히~ 맞아.
찡긋
그런데 왜 또 재는 거야? 그때 재었던 길이를 잊어버려서 다시 온 거야?
아니~
그럼?
혹시 곰 인형의 키가 더 컸나 해서~
그게 무슨 소리야? 곰인형이 더 커지다니?
어린이들도 사랑을 받으면서 쑥쑥 자라잖아.
나도 매일 곰 인형에게 사랑을 주거든.
그러니까 곰 인형도 더 자랐나 싶었지. 히히~
긁적
긁적
으이구~ 하여튼 엉뚱해!
꽈당

cm보다 큰 단위 알기

▶ 100cm가 넘는 길이를 나타낼 때 m 단위로 나타낼 수 있습니다.

100cm는 1m와 같아요. 1m는 1 미터라고 읽어요.
120cm는 1m보다 20cm 더 길어요.
120cm를 1m 20cm라고 쓰고 1 미터 20 센티미터라고 읽어요.

벽에 그려진 큰 인형의 키를 재어 볼까요?

10 cm
10 cm
10 cm
10 cm
10 cm
10 cm

'내 키는 100 cm야'라고 하는 게
1m라고 하는 것보다
더 큰 것 같은 느낌이야.

100 cm		
m	cm	
일	십	일
1	0	0

100cm처럼 긴 길이의 경우 수가 커져요.
이때 100cm를 1m로 약속하여 나타내요.

100cm=1m

쓰기 1m

읽기 1 미터

1m보다 더 긴 길이는 어떻게 나타낼까요?

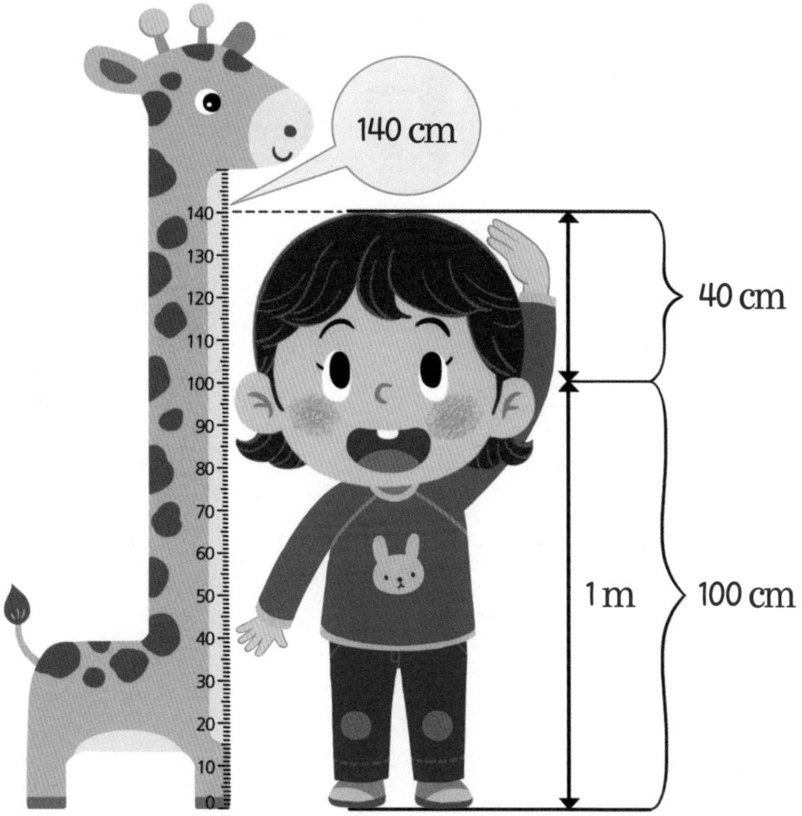

140 cm		
m	cm	
일	십	일
1	4	0

친구의 키를 재어 보면 140cm예요.
140cm는 100cm보다 40cm 더 길어요.
100cm=1m이므로 140cm를 1m 40cm라고도 써요.

140cm=1m 40cm

쓰기 1m 40cm

읽기 1 미터 40 센티미터

05 줄자를 사용하여 길이 재기

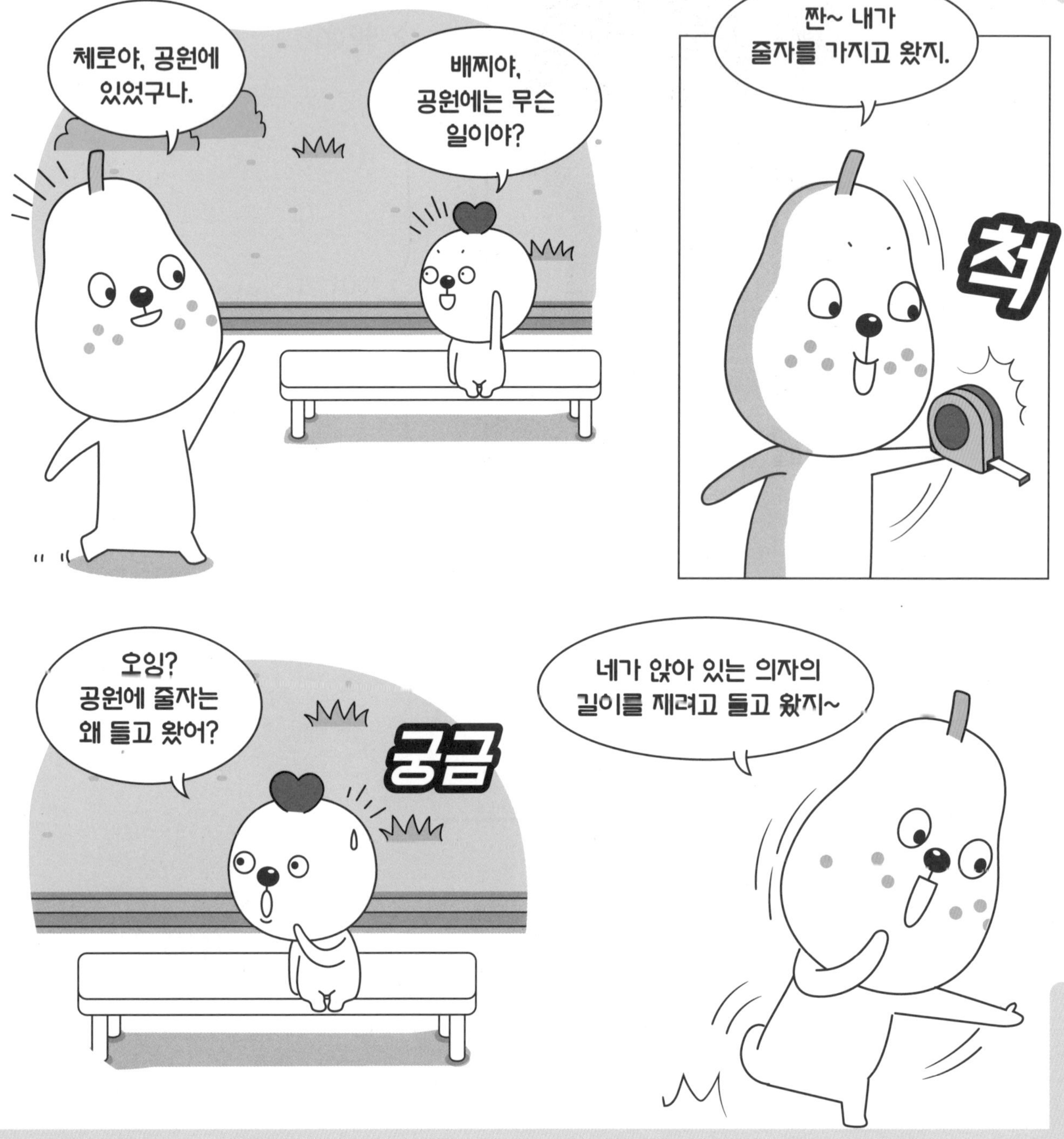
체로야, 공원에 있었구나.
배찌야, 공원에는 무슨 일이야?
짠~ 내가 줄자를 가지고 왔지.
척
오잉? 공원에 줄자는 왜 들고 왔어?
궁금
네가 앉아 있는 의자의 길이를 재려고 들고 왔지~

● 무엇을 배울까요? 줄자를 사용하여 길이를 재는 방법을 알게 합니다.
길이를 재어 '몇 m 몇 cm'로 나타내게 합니다.

● 언제 배울까요? 초등학교 2학년 1, 2학기 / 3학년 1학기 길이 재기 단원에서 배워요.

의자?
이 의자의 길이는 왜?
내일 가징이랑
이 의자에 앉아서
놀기로 했거든.
씨익
씨익
그냥 앉는 것보다
예쁜 천을 깔고 앉으면
좋을 것 같아서.
그럼 훨씬
더 예쁠 거야!
찡긋

그렇구나!
그럼 내가 도와줄게.
같이 재 보자.
활짝
고마워.
그럼 의자의 끝에 맞춰서
줄자를 잡고 있어 줘.
척
응~
난
의자 반대편 끝에
맞출게.
차라락
자~
그럼 이제 길이가
얼마인지 확인해
보자.
160 150 140
눈금이 160이야.
그럼
1 m 60 cm구나!
번쩍
맞아.

그럼 160 cm 길이의
천을 준비해 오면 되겠군.
앗! 잠깐.
그런데 말이야.
방금 생각난 게 있어.
엥?
어떤 거야?
내일 말이야…
일기 예보에
폭우가 쏟아진다고
한 게 이제 생각났네.
씨익
뭐라고?
흑흑.
내일은 집에서
줄자나 가지고
놀아야겠구나.
시무룩

줄자를 사용하여 길이 재기

▶ 돌돌 말아서 보관할 수 있는 줄자를 사용하면 길이가 긴 물건의 길이를 잴 수 있습니다.

막대 모양의 곧은자와 모양은 다르지만 길이를 재는 방법은 같아요.

줄자를 사용해서 길이를 재어 볼까요?

종류	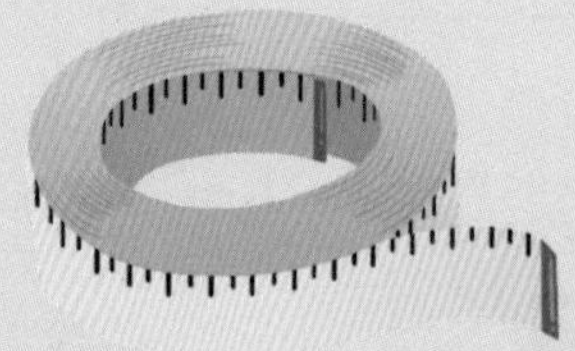	
같은 점	· 1 cm 간격으로 눈금이 있습니다. · 길이를 잴 때 사용합니다.	
다른 점	· 길이가 깁니다. · 접히거나 휘어집니다.	· 길이가 짧습니다. · 곧은 모양입니다.

긴 물건의 길이를 잴 때 곧은자는 짧아서 여러 번 재어야 하기 때문에 불편해요.
1 m가 넘는 긴 길이를 잴 때는 줄자를 사용하면 편리해요.

줄자를 사용해서 길이를 재어 볼까요?

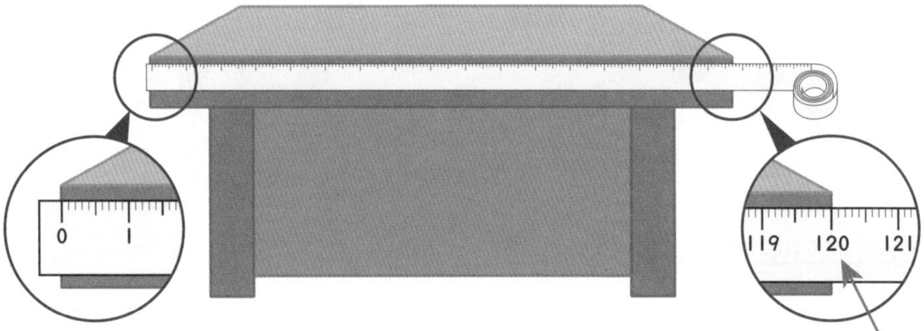

120 cm = 1 m 20 cm

줄자를 사용하여 길이를 재는 방법

① 책상의 한쪽 끝을 줄자의 눈금 0에 맞춥니다.
② 책상의 다른 쪽 끝에 있는 줄자의 눈금을 읽습니다.
눈금이 120이므로 책상의 길이는 1 m 20 cm입니다.

눈금이 가리키는 수가 145이므로
책장의 길이는 145 cm = 1 m 45 cm예요.

06 몸의 일부를 이용하여 어림하기

흠…
가징아,
교실 문 앞에서
뭐 해?
지금 교실 문의
가로 길이가 얼마나
되는지 보고 있었어.
휙
가로 길이는 왜?
궁금
궁금
좀 있으면 쵸배가
천체 망원경을 들고 올 건데
교실 문을 통과할 수 있을지
보고 있었어.
그래?
망원경의 길이가
어떻게 돼?

● 무엇을 배울까요? 몸의 일부의 길이를 알고 몸의 일부를 이용하여 길이를 어림하고 줄자로 재어 확인하게 합니다.

다양한 어림의 전략으로 5 m, 10 m, 20 m, 30 m인 길이를 어림하게 합니다.

● 언제 배울까요? 초등학교 2학년 1, 2학기 / 3학년 1학기 길이 재기 단원에서 배워요.

쵸배가 얘기하길 약 1 m 50 cm라고 했어.
그렇군.
긁적
긁적
그럼 우리 문의 길이를 한번 재어 보자.
척
자도 없는데 어떻게?
히히~ 몸을 이용하면 대충의 길이를 잴 수 있어.
자~ 이렇게 나의 양팔을 벌리면 약 1 m가 되거든.
쫘악
쫘악

문 앞에서 팔을 벌려 볼게.
앗! 문이랑 딱 맞잖아.
깜짝
그럼 문의 길이는 1 m니까.
1 m 50 cm의 망원경은 들어갈 수 없겠네.
앗! 저기 쵸배가 왔어.
휙
가징아, 천체 망원경 들고 왔어. 얼른 들고 들어가자.
쵸배야, 안 돼. 그것보다 문의 길이가 짧아서 들어가지 않아.
뭐라고?
헉

정말이네.
안 들어가잖아!
툭
툭
수업 전에
교실 안으로
들어가야 하는데
큰일이네.
끄응…
얘들아.
왜 그래?
세워.
뭐라고?
망원경을 세우라고!
그럼 그냥 들어가잖아.
척
뜨헉!
정말이네?
토리는
정말 천재구나.
히히~
내가 천재가
아니라 너희들이
단순한 거야.
끙

몸의 일부를 이용하여 어림하기

▶ 길이를 잴 수 있는 도구가 없을 때 몸의 길이를 이용하여 어림할 수 있습니다.

내 몸을 이용해서 1m를 만들어 볼까요?

몸의 길이는 사람마다
다르니까 자기만의 1m
어림자를 만들어 봐!

내 손으로
약 7뼘이에요.

양팔을 벌린 길이가
약 1m예요.

어깨까지의 길이가
약 1m예요.

내 걸음으로
약 2걸음이에요.

내 몸을 이용한 1m 자로 축구 골대의 길이를 어림해 볼까요?

양팔을 이용해서 어림해 보면 3번이고 약 3m예요.
발걸음을 이용해서 어림해 보면 6걸음이에요.

운동장이나 교실처럼 긴 길이는
뼘보다는 단위길이가
긴 발걸음이 좀 더 편리하지.

교실의 길이를 뼘으로 어림해 볼까요?

교실처럼 긴 길이를 재어 어림할 때는 너무 짧은 길이의 단위로 재려면 불편해요.
긴 길이를 잴 때는 단위길이가 긴 것으로 어림하면 좀 더 편리해요.

07 1cm보다 작은 단위 알기

토리야, 놀이터에서 뭐 해?
배찌야, 여기 거미가 있어.
흐이익! 진짜 거미잖아!
두-둥
무서워. 얼른 이리 와. 토리야.
덜덜
덜덜
휙
휙
그런데 이 거미는 움직이지 않는 걸 보니 아마도 죽었나 봐.
척

● 무엇을 배울까요? 1 mm의 단위를 알고 이를 읽고 쓸 수 있게 합니다.
1 cm=10 mm의 관계를 알고 몇 cm 몇 mm, 몇 mm로 나타낼 수 있게 합니다.

● 언제 배울까요? 초등학교 2학년 1, 2학기 / 3학년 1학기 길이 재기 단원에서 배워요.

이 거미는 정말 작아.
휴~ 그렇구나.
안심
안심
정말이네.
이 거미는 길이가 얼마나 될까?
토리야, 궁금해?
씨익

응.
그런데 길이를 잴 수 있는
자는 집에 있잖아.
시무룩
짜잔!
척
우아!
자잖아.
히히~
요즘 길이를 재는
재미에 푹 빠졌거든.
그래서 자를 항상 들고
다니다니! 대단해.
엄지척
에헴~
그럼 어디 한번 재 볼까?
발끝에서
머리끝까지 재어 보면~
0 1 2 3

우아~ 1 cm보다 더 작아!
1 cm보다 작은 단위가 mm니까~
응. 이 거미의 크기는 8 mm야.
척
아주 작아서 무섭지도 않아. 하하~
오잉?
배찌야, 내 발 밑에…
거미가 살아 있어!
샤샤사삭
샤샤사삭
흐이이익! 무서워. 도망가자.
쌔앵
킥킥. 작아서 무섭지 않다더니~

1cm보다 작은 단위 알기

▶ cm 사이의 짧은 길이를 나타낼 때 cm보다 더 작은 단위가 필요합니다.

1cm보다 작은 단위로 1cm를 10칸으로 똑같이 나눈 한 칸의 길이를 1mm라 쓰고 1 밀리미터라고 읽어요. 20cm보다 5mm 더 긴 것을 20cm 5mm라 쓰고 20 센티미터 5 밀리미터라고 읽어요.

발의 길이를 재어 볼까요?

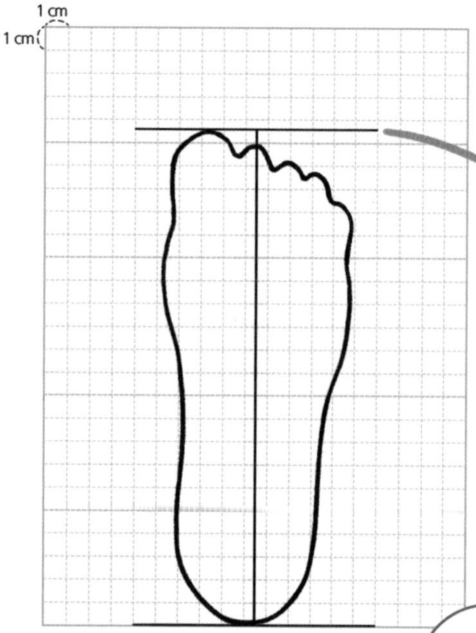

20cm와 21cm 사이에 있어서 cm로만 나타내기가 어려워요.

이런 경우 1cm를 10칸으로 똑같이 나누었을 때 작은 눈금 한 칸의 길이를 1mm로 약속하여 나타내요.

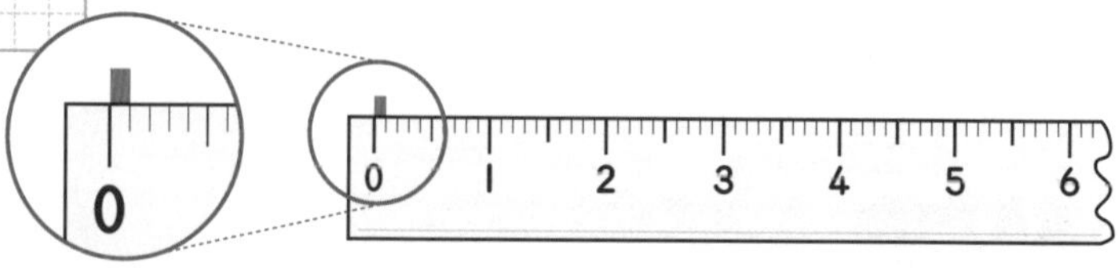

1cm=10mm

쓰기 1mm

읽기 1 밀리미터

색연필의 길이를 재서 mm까지 나타내 볼까요?

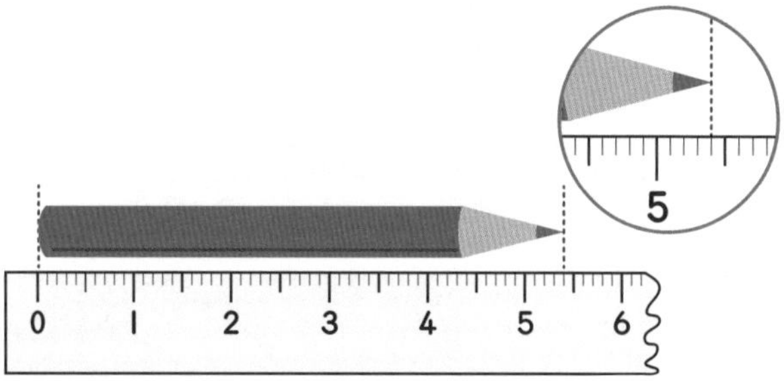
5
0 1 2 3 4 5 6

색연필의 길이를 재어 보면 5cm보다 4mm 더 길어요.
5cm보다 4mm 더 긴 것을 5cm 4mm라 써요.
1cm=10mm이므로 5cm 4mm는 54mm예요.

이제 좀 더
정확하게 길이를
잴 수 있겠어.

5cm 4mm=54mm

쓰기 5cm 4mm , 54mm

읽기 5 센티미터 4 밀리미터 , 54 밀리미터

1cm보다 짧은 길이를 재서 나타내 볼까요?

클립의 정확한 길이를
잴 수 있어.

0 1 2 3 4 5 6 7 8 9 10 11

클립의 길이는 작은 눈금 5칸 만큼이므로 5mm예요.

08 1km 알기, km와 m의 관계 알기

체로야,
뭐 보고 있어?
쵸배야~
번쩍
다음 주에 어린이 마라톤 대회가 열린다는 안내장을 보고 있었어.
방긋
우아~ 정말?
응! 나도 한번 도전해 보려고 신청했거든.

● 무엇을 배울까요? 1 km=1000 m의 관계를 알고 1 km에 대한 양감을 기르게 합니다. 생활에서 km를 사용한 경험을 이야기하고 길이를 몇 km 몇 m, 몇 m로 나타낼 수 있게 합니다.

● 언제 배울까요? 초등학교 2학년 1, 2학기 / 3학년 1학기 길이 재기 단원에서 배워요.

마라톤 대회까지 나가다니 정말 대단하구나.
벌떡
그런데 이번 마라톤 대회는 몇 km나 뛰는 거야?
.....
흠… 사실 그걸 모르겠어.
긁적
긁적
엥? 그걸 모르겠다니. 거기 안내장에 적혀 있잖아.
끙
여기에?

여기 안내장에 적힌 걸 잘 봐.
제1회 이젠 어린이 마라톤 대회
일시
5월 13일 오전 10시
장소
이젠 초등학교 운동장
마라톤 거리 길이
12 km
맨 밑에 길이가 나와 있잖아.
앗! 그렇구나!
깜짝
그런데 이게 얼마나 먼 거리야?
끄응. 그것도 모르면서 대회에 참가한다는 거야?
히히~
씨익
잘 들어 봐~
1 km는 1000 m야.
우아! 그렇구나.

그러니까 12 km는 12,000 m라는 말이지.
오옷!
좋았어.
벌떡
우아! 벌써 연습하러 가려고?
아니!
척
빨리 신청 취소하러 가려고.
휙
히히~ 이렇게 길 줄 몰랐네.
쌔앵
끙
으이구~

1km 알기, km와 m의 관계 알기

▶ 산의 높이처럼 긴 길이를 나타낼 때 m보다 더 큰 단위가 필요합니다.

1000m를 1km라 쓰고 1 킬로미터라고 읽어요.
2km보다 300m 더 긴 것을 2km 300m라 쓰고
2 킬로미터 300 미터라고 읽어요.

마라톤 대회 코스를 살펴볼까요?

긴 거리를 나타낼 때 간단하게
1000m를 나타내는 새로운 단위로
1km를 약속하여 나타내요.

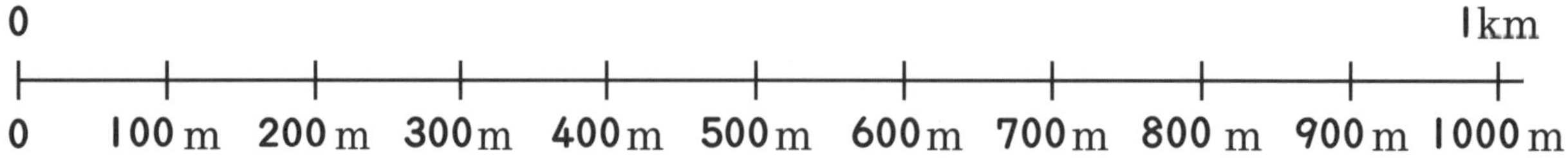

1000m=1km

쓰기 1km

읽기 1 킬로미터

3km 500m 마라톤 경기는 몇 m를 달리는 걸까요?

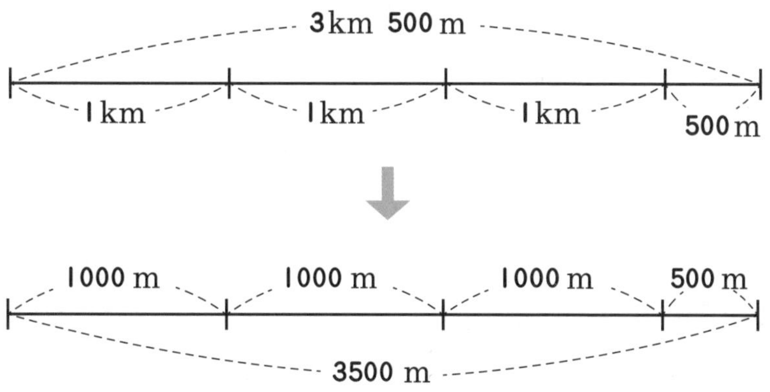

3 km보다 500 m 더 긴 것을 3 km 500 m라 써요.
1 km=1000 m이므로 3 km 500 m는 3500 m예요.

3 km 500 m=3500 m

쓰기 **3 km 500 m , 3500 m**

읽기 3 킬로미터 500미터 , 3500 미터

m로 나타낸 길이를 km와 m로 나타내 볼까요?

마포대교의 길이는 1398 m예요.
1000 m=1 km이므로
1 km 398 m예요.

09 길이의 합 구하기

가징아,
이건 내가 새로 산
지우개야.
정말? 나도야.
나는 이 지우개를
새로 샀어.
우리 지우개
정말 이쁘다.
히히.
척
킥킥킥~
엥?
너 지금
우리 지우개 보고
비웃는 거야?
당연하지.
너희들 지우개가
너무 보잘것없거든.
척

● 무엇을 배울까요? 구체적인 상황에서 길이의 합을 구하는 원리를 알게 합니다.
몇 m 몇 cm끼리의 합, 몇 cm 몇 mm끼리의 합, 몇 km 몇 m끼리의 합을 구할 수 있게 합니다.

● 언제 배울까요? 초등학교 2학년 1, 2학기 / 3학년 1학기 길이 재기 단원에서 배워요.

뭐라고?
우리 지우개는 새로 산 지우개라야!
벌떡
벌떡
후훗! 내 지우개를 잘 봐.
뒤적
뒤적
짜잔!
뜨헉! 엄청 크잖아.
저렇게 큰 지우개는 태어나서 처음 봐!
척

길이도
내 지우개가 너희의
지우개를 합친 길이보다
더 길걸?
말도 안 돼!
한번 재어 보자.
배찌랑 내 것을
붙여서 재면
9 cm야.
0 1 2 3 4 5 6 7 8 9 10
꽤 길잖아? 좋아.
그럼 이번엔 내 것을
재어 볼게.
12 cm잖아.
0 1 2 3 4 5 6 7 8 9 10 11 12 13 14
후훗~
역시 내 지우개가
훨씬 길어.
그럼
지우개를 사용하러
가 볼까?
총
총
총

크윽! 분하다.
합친 우리 것보다
길다니.
부러워~
얘들아,
너무 부러워할
필요 없어.
오잉? 쵸배야.
그게 무슨 말이야?
홱
큰 지우개를
부러워하지 말라니?
홱
저기 체로를
봐.
척
흐이잉~
한 글자만 지우고 싶은데
지우개가 너무 커서
글자가 다 지워지잖아.
훌쩍
훌쩍
킥킥~
뭐든 적당한 게
좋은 거구나.
맞아. 히히~

길이의 합 구하기

- mm, cm, m, km 단위로 나타낸 길이의 합을 구할 수 있습니다.
- 길이의 합을 구할 때는 같은 단위끼리 더합니다.

길이가 1 m 30 cm인 리본과 길이가 1 m 20 cm인 리본을 이어붙였을 때 길이를 구해 볼까요?

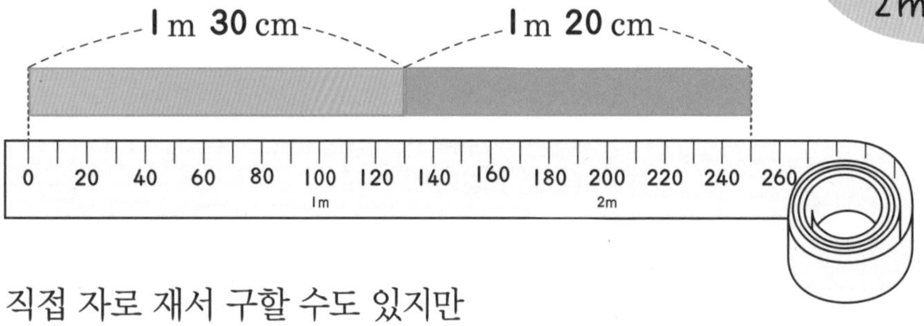

직접 자로 재서 구할 수도 있지만
잴 수 없는 경우도 있어요.

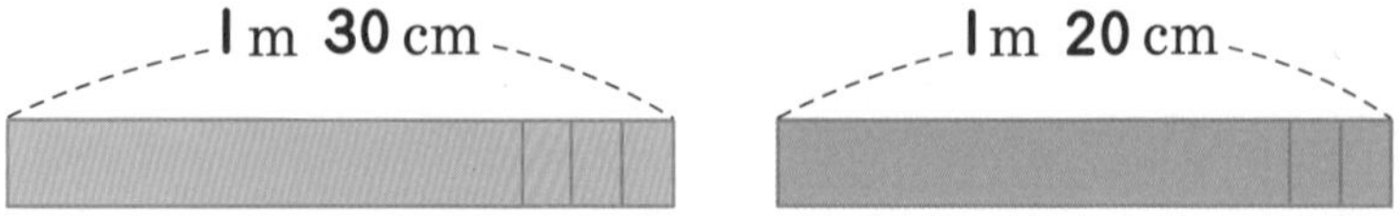

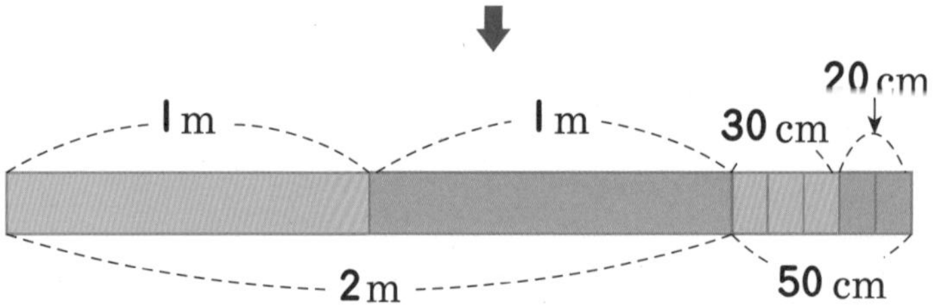

	1 m	30 cm
+	1 m	20 cm

➡

	1 m	30 cm
+	1 m	20 cm
		50 cm

➡

	1 m	30 cm
+	1 m	20 cm
	2 m	50 cm

m는 m끼리, cm는 cm끼리 더해요.

길이가 7 cm 5 mm인 색연필과 길이가 3 cm 2 mm인 지우개의 길이의 합을 구해 볼까요?

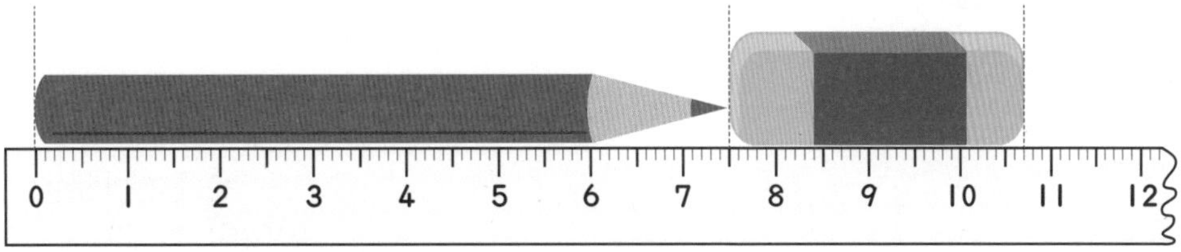

7 cm 5 mm+3 cm 2 mm=10 cm 7 mm

	7 cm	5 mm
+	3 cm	2 mm
	10 cm	7 mm

cm는 cm끼리, mm는 mm끼리 더해요.

둘레길을 걷는데 5 km 300 m인 구간과 2 km 500 m인 구간을 걸었다면 모두 몇 km 몇 m를 걸은 것일까요?

5 km 300 m+2 km 500 m=7 km 800 m

	5 km	300 m
+	2 km	500 m
	7 km	800 m

km는 km끼리, m는 m끼리 더해요.

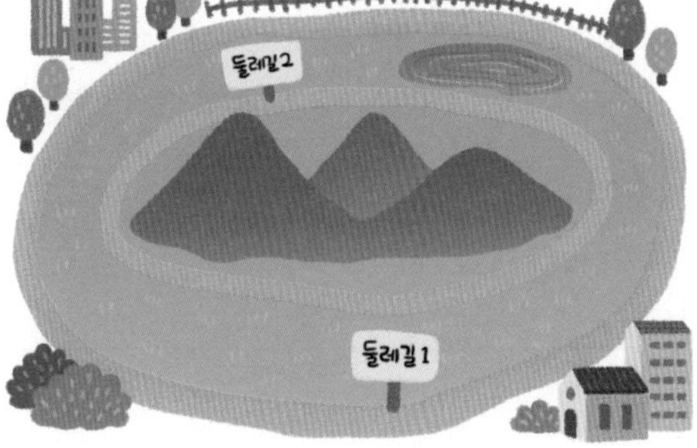

10 길이의 차 구하기

토리야,
뭐 해?
번쩍
어서 와.
배찌야.
번쩍
요즘 난 매일
일정한 거리만큼 걷는
운동을 하고 있거든.
씨익
걷는 운동?
응. 오늘은
목표만큼 걸었는지
그걸 계산하고
있었어.
우아~
매일 걷는 운동을 하는 건
좋다던데 잘하고 있구나.
짝

● 무엇을 배울까요? 구체적인 상황에서 길이의 차를 구하는 원리를 알게 합니다.
몇 m 몇 cm끼리의 차, 몇 cm 몇 mm끼리의 차, 몇 km 몇 m끼리의 차를 구할 수 있게 합니다.

● 언제 배울까요? 초등학교 2학년 1, 2학기 / 3학년 1학기 길이 재기 단원에서 배워요.

토리가 하루 동안 걷는 목표 거리가 얼마야?
나의 하루 목표 거리는
멈칫
1 km 500 m야. 매일 이만큼 걸어야 해.
짜악
짜악
그런데 오늘은 800 m밖에 못 걸었어.
시무룩
음… 그럼 얼마가 더 남은 거지?
긁적
긁적

1500 m에서 800 m를 빼야 하니까
700 m야!
그렇군. 그럼 아직 700 m가 더 남았구나!
척
아직 엄청 많이 남았잖아.
그러게…
아직 저녁이 되려면 멀었으니까 지금부터라도 얼른 나가서 걷고 와.
번쩍
그런데 말이야. 내가 지금 너무 피곤해서 걸을 힘이 없어.
큰일이네. 어떡하지?
곰곰
곰곰

그래!
좋은 방법이 생각났어.
탁
정말?
어떤 방법이야?
궁금
궁금
그게 말이야~
이히히히히
뭐지?
이 음흉한 웃음은?
네가 대신 나가서
700 m만 걸어 주는거야.
찡긋
뭐라고?
그래서 그 기록을
나에게 주면 되잖아.
그럼 오늘 목표를
달성할 수 있다고.
히히~
끄응.
그게 말이야, 방귀야.

길이의 차 구하기

- mm, cm, m, km 단위로 나타낸 길이의 차를 구할 수 있습니다.
- 길이의 차를 구할 때는 같은 단위끼리 뺍니다.

길이가 2 m 50 cm인 색 테이프와 길이가 1 m 30 cm인 색 테이프의 길이의 차를 구해 볼까요?

직접 자로 재 볼까?
눈금을 읽어 보면 바로
알 수 있지.
길이의 차는
1 m 20 cm네!

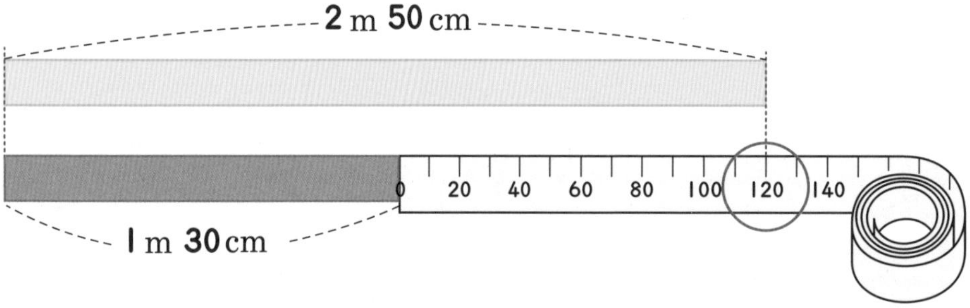

2 m 50 cm
1 m 30 cm
0
20
40
60
80
100
120
140

직접 자로 재서 구할 수도 있지만 잴 수 없는 경우도 있어요.

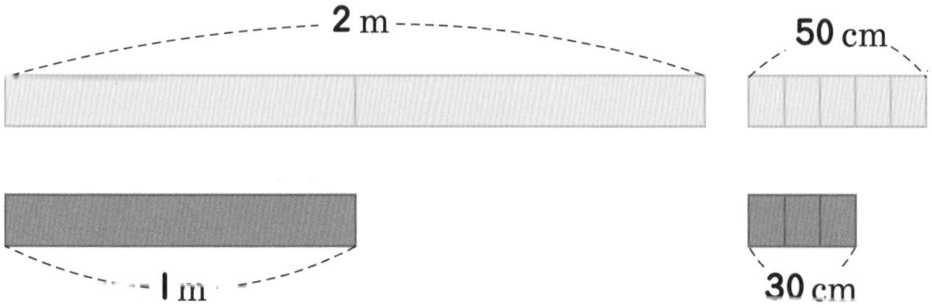

2 m
50 cm
1 m
30 cm

같은 단위끼리 자리를
맞춰 써!

	2 m	50 cm
−	1 m	30 cm

→

	2 m	50 cm
−	1 m	30 cm
		20 cm

→

	2 m	50 cm
−	1 m	30 cm
	1 m	20 cm

m는 m끼리, cm는 cm끼리 빼요.

길이가 10 cm 8 mm인 색연필과 길이가 4 cm 5 mm인 지우개의 길이의 차를 구해 볼까요?

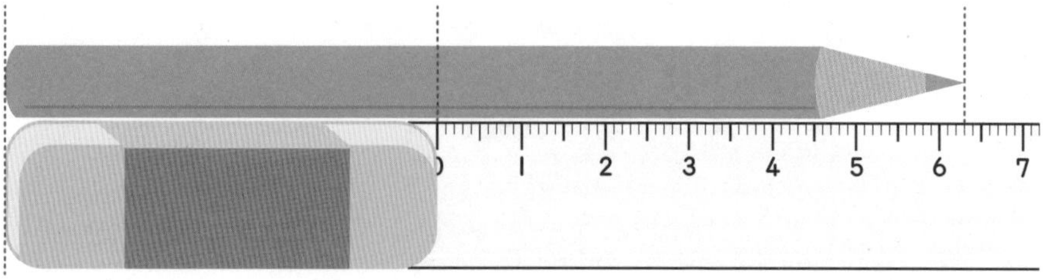
0
1
2
3
4
5
6
7

10 cm 8 mm－4 cm 5 mm＝6 cm 3 mm

	10 cm	8 mm
－	4 cm	5 mm
	6 cm	3 mm

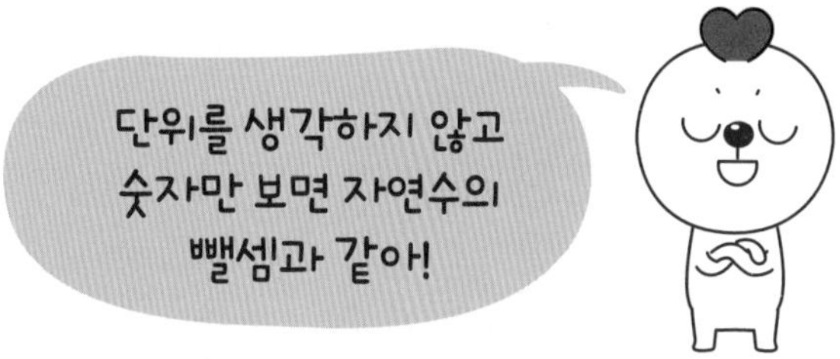
단위를 생각하지 않고
숫자만 보면 자연수의
뺄셈과 같아!

cm는 cm끼리, mm는 mm끼리 빼요.

지우는 지난주에 5 km 600 m를 걷고, 이번 주에 3 km 500 m를 걸었습니다. 지난주에 걸은 거리는 이번 주에 걸은 거리보다 몇 km 몇 m를 더 걸은 것일까요?

5 km 600 m－3 km 500 m＝2 km 100 m

	5 km	600 m
－	3 km	500 m
	2 km	100 m

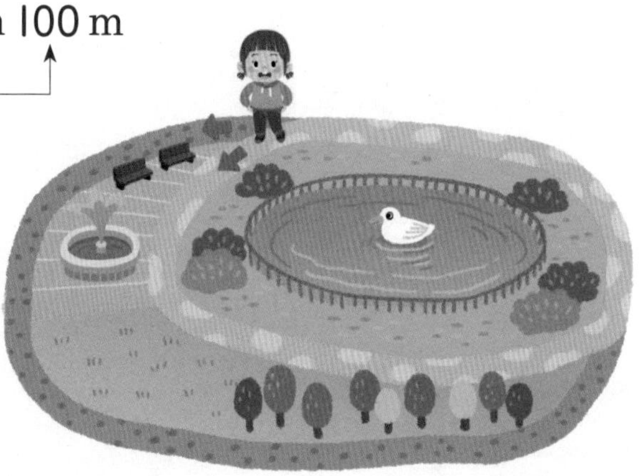

km는 km끼리, m는 m끼리 빼요.